高压设备检测技术

充油设备渗漏油检测技术

颜 冰　蔡晓斌　钱国超　代维菊　洪志湖　等 / 著

西南交通大学出版社
·成 都·

图书在版编目（CIP）数据

充油设备渗漏油检测技术 / 颜冰等著. —成都：
西南交通大学出版社，2021.6
ISBN 978-7-5643-8087-8

Ⅰ. ①充… Ⅱ. ①颜… Ⅲ.①电力设备 – 漏油 – 检测
Ⅳ. ①TM4

中国版本图书馆 CIP 数据核字（2021）第 130022 号

充油设备渗漏油检测技术

颜　冰　蔡晓斌　钱国超		
代维菊　洪志湖	等 著	责任编辑／李芳芳
		封面设计／吴　兵

西南交通大学出版社出版发行

（四川省成都市金牛区二环路北一段 111 号西南交通大学创新大厦 21 楼　610031）
发行部电话：028-87600564　　028-87600533
网址：http://www.xnjdcbs.com
印刷：四川煤田地质制图印务有限责任公司

成品尺寸　185 mm×240 mm
印张　9　字数　184 千
版次　2021 年 6 月第 1 版　　印次　2021 年 6 月第 1 次

书号　ISBN 978-7-5643-8087-8
定价　65.00 元

图书如有印装质量问题　本社负责退换
版权所有　盗版必究　举报电话：028-87600562

《充油设备渗漏油检测技术》
编委会

主要著者： 颜　冰　蔡晓斌　钱国超　代维菊　洪志湖

其他著者： 彭兆裕　周仿荣　王　欣　王　山　王泽朗
　　　　　 马宏明　邹德旭　黑颖顿　何　顺　周兴梅
　　　　　 杨明昆　崔志刚　邱鹏锋　朱龙昌　文　刚
　　　　　 陈　伟　耿　浩　胡　锦　闵青云　曹　俊
　　　　　 岳　丹　杨　舟　陈云浩　张　雄　杨　坤
　　　　　 和晓辉　胡广富　严敬义　孙灏若　徐腾波
　　　　　 崔起源　胡见平　付文诚　王文兵　张乔石
　　　　　 赵熙靖　杨凯越　史玉清　孙董军　王浩州
　　　　　 洪　飞　朱　良　杨　猛　李　滔　吴国天

前言
PREFACE

长期以来，电力人员在变电站生产过程中受到渗漏油排查流程复杂、排查操作危险等问题的困扰，因此迫切需要一种满足上述要求的简便渗漏油检测方法，辅助电力人员完成渗漏油的检测与评估。本书提出了一种基于多光谱技术的充油设备渗漏油检测方法，能在不受光照条件影响的情况下准确快速地检测到渗漏油情况，并可视化检测结果，将结果直观呈现给电力人员。

全书针对充油类设备（油浸式变压器、套管、电容器、高压电缆等）渗漏油缺陷检测，介绍了多光谱检测技术的背景、现状，并着重介绍了渗漏油多光谱图像信息分析、三维重构、油料渗漏面积的空间投影估计方法等，详细介绍了充油设备渗漏油的多光谱检测技术，从多光谱混合成像控制方法、多光谱图像异构融合方法、运动相机下的三维空间解构方法、渗漏油识别及油量估算方法等方面对该技术进行阐述，并介绍了多光谱渗漏油检测技术的现场应用。

本书适合从事充油设备运行、试验的技术人员全面了解高光谱检测技术，也适合电力企业相关专业技术人员参考。

由于编者水平所限，书中疏漏之处在所难免，恳请读者批评指正。

作　者
2021 年 4 月

目 录
CONTENTS

1 充油电气设备渗漏油检测技术概述 ···································· 001
- 1.1 渗漏油检测方法研究现状 ·· 003
- 1.2 偏振成像检测技术研究现状 ·· 004
- 1.3 图像融合方法研究现状 ··· 005
- 1.4 视觉 SLAM 方法研究现状 ·· 018
- 1.5 多光谱同步成像方法研究现状 ·· 040

2 充油类设备渗漏油多光谱敏感谱段的基础特性研究 ················ 044
- 2.1 渗漏油分子荧光分析原理 ·· 044
- 2.2 渗漏油紫外与偏振光谱特性 ·· 048

3 充油类设备渗漏油的光谱尖峰响应特征与图像融合分析方法 ····· 057
- 3.1 充油类设备渗漏油的光谱尖峰响应特征 ··································· 057
- 3.2 充油类设备渗漏油图像融合分析方法 ····································· 058

4 基于多光谱特征的充油类设备渗漏油识别及油量估算方法研究 ···· 088
- 4.1 基于多光谱特征的充油类设备渗漏油识别方法 ···························· 088
- 4.2 充油类设备渗漏油量估算方法 ·· 100

5 便携式多光谱渗漏油检测仪器设计 ········ 101

5.1 系统需求与整体概况 ········ 101
5.2 图像采集模块 ········ 103
5.3 渗漏油区域面积估算模块 ········ 106
5.4 渗漏油场景三维重建模块 ········ 121
5.5 显示与交互模块 ········ 125

6 渗漏油多光谱检测现场应用 ········ 129

参考文献 ········ 135

1 PART ONE

充油电气设备渗漏油检测技术概述

电力充油设备是电力系统中重要的工作部件之一，变电站中的大部分电气设备都是充油设备，其内部填充的油称为变压器油，常见的充油设备有油浸式变压器、套管、电容器等。某种油浸式变压器的结构如图1-1所示。

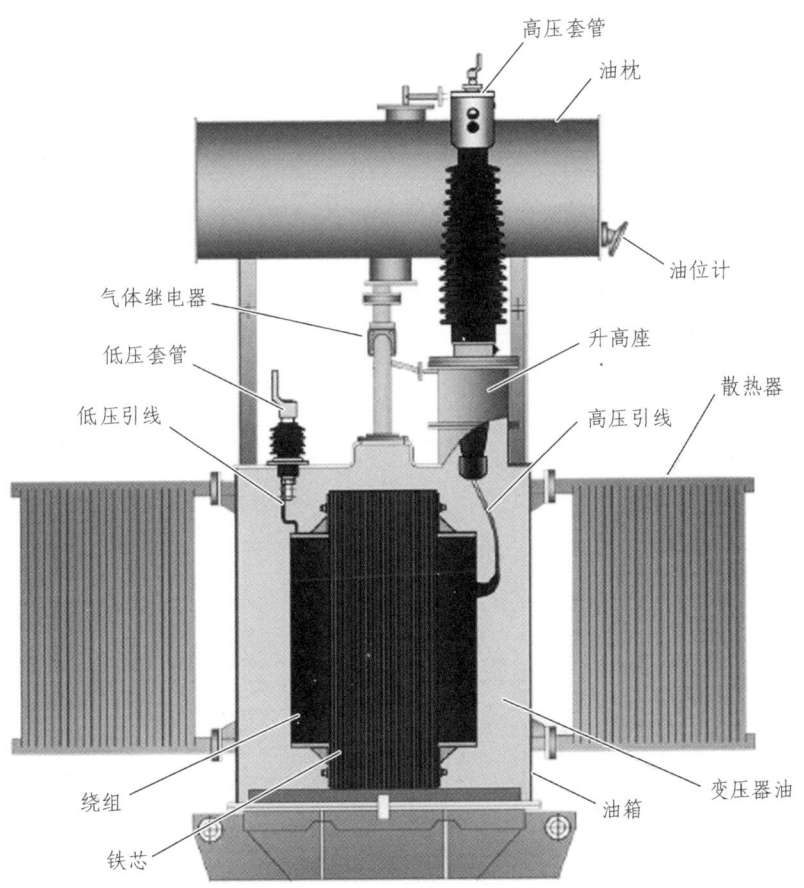

图1-1 某种油浸式变压器的结构示意图

1 充油电气设备渗漏油检测技术概述

充油设备中的变压器油主要有以下四方面的功能：

（1）密封绝缘。变压器的绝缘油是填充在充油设备芯子和外壳之间的液体绝缘物质。例如，填充在变压器内各部分空隙间，使得变压器外壳内部没有空气，水分和杂质都不易进入变压器内部影响其工作，从而提供密封功能，它还加强了变压器绕组的层间与匝间的绝缘强度，起到绝缘的作用。

（2）散热。变压器的绝缘油在充油设备内部，上下层间的温差作用促使冷热油对流循环。通过这种变压器油的对流循环，使得充油设备散热器与外界的低温介质（空气）间接接触，从而降低充油设备工作核心的温度，起到加速充油设备冷却的作用，达到散热效果。

（3）灭弧。由于变压器油是不断流动的，当充油设备内有某种故障而引起电弧时，能够有效加速电弧的熄灭。例如，变压器中的分接开关接触不良或者绕组的层间与匝间短路引起电弧，这时变压器油通过流动冲击电弧，使得电弧拉长，并降低电弧温度，从而发挥了变压器油的去游离作用，令电弧很快熄灭。

（4）阻尼。充油设备在运行时会产生不规则的机械振动，这种振动有时会导致设备部件的松动，影响设备正常运行，严重时导致设备损坏，而性质较为黏稠的变压器油能减小这种机械振动的幅度，发挥重要的阻尼作用。

在充油设备安装运行过程中可能因施工安装不到位、运行老化或环境因素等导致渗漏油现象。当充油设备发生渗漏油时，水分和杂质就会从渗漏油的部位进入充油设备内部，使得油位降低，充油设备的绝缘性能大打折扣，进而引发安全事故。充油设备渗漏油还会引发散热不良的问题，设备过热会影响构成材料的强度，导致无法抵抗设备内部产生的机械振动或电流涌动等，缩短使用寿命。更常见的，变压器油渗出后，会使渗出点周围出现严重的脏污，如果此点距离带电部位比较近，特别是变压器进出线套管出现渗漏油时，会使套管上积累一层污物，在受潮时容易引起"污闪"事故。"污闪"就是沿变压器套管的外表面放电，更换变压器套管比较复杂，即便有套管备件和专业人员操作，也会影响供电一整天。图1-2展示了充油设备渗漏油异常的场景，（a）为变电站油浸式变压器发生了严重的渗漏油，（b）为套管发生了"污闪"。

（a）

（b）

图1-2 充油设备渗漏油异常场景

电力设备渗漏油的情况非常普遍且危害较大，除了预防渗漏油的发生以外，快速且准确地检测渗漏油的位置和严重程度也十分重要，电力人员借此可以了解设备渗漏油的情况，从而高效地进行故障排查与治理，保障电力设备的安全运行。

为实现上述目标，研究人员提出了一系列的方法进行电力设备渗漏油检测，其中最直观有效的手段是基于图像的视觉方法，但是目前提出的方法都存在诸如准确率受外界环境影响严重、适用场景较局限等缺陷。从应用层面来看，目前针对电力充油设备的检测和评估手段仍是通过肉眼判断，主要依靠电力人员的经验，在电力安全规范要求的距离下很难观测到渗漏油初期的情况，可见目前设计出的渗漏油检测方法的实用性较差。

在变电站实际生产过程中，电力人员对渗漏油检测方法提出了以下几点需求：

（1）便捷实时。因为变电站场景情况复杂，在电力巡查时检测设备要具有便携的特点，尽量能够一个人可移动使用，使用的硬件不能过大过重，算法复杂度不能太高。

（2）适用性强。电力设备渗漏油会发生在其运行的任何时候，故无论在白天还是夜晚，电力巡查时都需要有效地检测到渗漏油情况，检测方法不能受环境光照、时间等因素的限制。

（3）准确率高。电力设备的渗漏油情况比较普遍，如果因准确率低导致漏检的情况发生，不能及时处理会造成严重的安全隐患；而发生误检也会错误引导电力人员排查故障，浪费大量的人力物力。

（4）结果直观。根据检测的结果，电力人员要能够快速、准确地判断渗漏油发生的位置和严重程度，从而采取对应级别的治理办法，这样才能最大程度地节约资源。

长期以来，电力人员在变电站生产过程中受到渗漏油排查流程复杂、排查操作危险等问题的困扰，因此迫切需要一种满足上述要求的简便捷渗漏油检测方法，辅助电力人员完成渗漏油的检测与评估。本报告提出了一种基于多光谱技术的充油设备渗漏油检测方法，能在不受光照条件影响的情况下准确快速地检测到渗漏油情况，并可视化检测结果，将结果直观呈现给电力人员。

1.1 渗漏油检测方法研究现状

为了实现渗漏油检测的目标，石油行业在渗漏油检测方向提出了较为广泛的方法，传统的如化学方法、压力分布法、声波法等，这些方法在电力设备渗漏油检测中几乎没有被实际应用。究其原因是使用这类方法时十分容易违背电力安全规范，近距离操作导致危险，还会在情况复杂多变的变电站内产生误检现象。从检测技术本身出发，基于图像的视觉方法显得更加直观有效，在石油检测领域中同样也有许多基于图像的渗漏油检测方法，如红外光谱检测方法，光谱信息与纹理信息相结合的检测方法，SAR图像处理与深度学习相结合的检测方法，等等。虽然石油行业场景与电力场景的可采集图像条件相差很大，方法能否直接使用需要根据电力设备渗漏油场景的情况进行研究，但从普适性和实用性方面可以看出用基于图像采集和图像处理的方法来进行渗漏油检测是可尝试的。

针对电力设备的渗漏油检测，王燕等人提出了一种图像比较处理方法，通过比较正常情况的样本图像与实时监控图像，进行传统的图像处理，如计算直方图，根据直方图灰褐色部分的像素个数有无明显变化，来判断异常情况。丁友等人提出了基于相对温差的红外成像套管漏油检测方法，根据套管的红外图像颜色检测油位变化，从而判断渗漏油情况。杨旻宸等人采用紫外荧光检测的方法判断变压器渗漏油，借助变压器油的紫外荧光特性，使用紫外光照射的方式检测可疑区域的变压器渗漏油情况。最近鲍伟超等人提出循环训练法：将地面上变压器的渗漏油图像与正常情况图像组合成训练集，训练RetinaNet神经网络，并结合困难样本挖掘的结果进行循环训练，可以改进比较处理法的查全率，基本消除光照影响。

上述方法中，比较处理法受样本图像的采集时间和图像质量影响很大，且很容易受检测时的天气、光照、阴影影响产生误报，可用性低。红外温差法只局限于通过套管中油位的变化判断变压器某一相的缺油情况，不能真正检测变压器渗漏油的漏点和渗漏情况。紫外光检测法在自然光较强的条件下并不适用，即便在阴天，自然光也会掩盖变压器油的紫外荧光，成像效果不足以区分出是否有荧光。循环训练法在不同场景的普适性较差，局限于地面上有大量的渗漏油检测，不能用于设备侧壁与套管接缝处的渗漏油检测，也不能在变压器油为浅色透明的情况下使用。因此，目前需要一种准确性高、普适性强的渗漏油检测方法。

1.2 偏振成像检测技术研究现状

偏振成像检测技术是根据目标信号光与背景噪声偏振特性的不同，通过一系列技术手段强化目标信号光或者过滤背景噪声来检测目标的技术。因为偏振成像实用设备便宜、操作简单，可以很方便地针对散射介质进行成像检测，一大批研究人员投入基于偏振成像的检测研究之中。

美国的物理创新公司和洛克希德·马丁公司在2000年提出了用于自动目标检测和识别的偏振成像系统，该研究中发现在长波红外谱段，当待检测目标与其环境背景的热辐射强度接近时，虽然不能直接使用红外成像检测目标，但是利用目标与背景环境的偏振特性差异，可有效地实现目标检测。荷兰科学家Cremer等人在2002年利用偏振成像原理检测藏在草丛中的地雷，取得了不错的检测效果。美国空军研究实验室在 2004 年深入研究了战斗机表面涂层的光偏振特性，将其与自然物体的光偏振特性作对比，发现了偏振光成像对于涂有人工涂料的伪装目标有很强的探测能力。在这之后世界各国对偏振成像技术的军事应用展开了大量研究，如针对地雷、装甲车、坦克、战斗机等军事目标的探测。

在生物学和医学领域，Tuchin V V 介绍了偏振光与生物组织相互作用的基本原理，相应模型显示了线性或圆形的双折射组织，且二向色性和手性组织也都是可检测的。他和 Wang L V 等人还介绍了用于组织定量研究的光偏振方法，以及在随机介质中的偏振转移理论，作为定量描述偏振光与组织相互作用的基础。Kunnen B 等人研究了圆偏振光在检测癌组织和浑浊组织样散射介质的非侵入式诊断应用，取得了不错的诊断效果。除此之外，近些年在其他领域对偏振成像检测技术也有许多相关研究，如水下物体检测、物质成分检测、天气因子检测等，这说明偏振成像检测技术有很强的普适性，它为研究电力充油设备渗漏油检测问题提供了一个待验证的技术思路。

1.3 图像融合方法研究现状

图像融合技术按照层次级别主要分为三类：像素级别、特征级别和决策级别，如图 1-3 所示。像素级别图像融合的特点是对图像细节保留完整，融合过程是在像素间进行的，融合图像的每个像素由源图像对应像素及其邻域决定。特征级别图像融合是在提取出源图像特征的基础上，对这些特征进行融合，这些特征可以是形状、大小、边缘、纹理、对比度等，来自源图像的特征被融合产生输出图。决策级别图像融合在更高的抽象级别上工作，它需要对图像特征进行分类、识别等处理，最终融合的结果应该在局部或者全局达到最优。

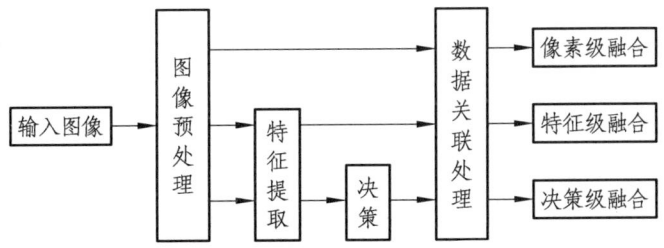

图 1-3 按层次级别分类的图像融合流程示意图

从发展情况来看，图像融合的典型方法又可分为传统方法和深度学习方法两大类。本章将分别介绍这两大类不同层次级别的基本融合方法，并进行比较，这将为项目的实际应用提供参考，以便提出更加合理的图像融合技术。

关于计算的方法中，最简单的是平均方法：从输入图像中获取相应的像素值并进行平均计算。因此，融合图像具有平均像素强度。这种方法易于实现，但会降低图像的对比度，另外健壮性较差。

另外一种关于计算的简单方法是 Brovery 法，它是将多光谱图像的每个波段与全色图像相乘，然后使用多光谱图像进行归一化，并针对每个单独的波段重复进行此操作，这提供了高分辨率的融合图像。这种方法基于强度的调制，常用于遥感图像的融合，具有非常快的处理速度，并且能产生效果不错的图像，不过存在颜色失真的缺陷。

在简单计算方法的基础上，还出现了乘法法、最大值法、最小值法、加权平均法等。这些方法普适性不高，都有其特殊的使用场景，例如乘法法只保留颜色，它能产生具有高相关性的带有源图像特征的光谱带，可用于遥感图像融合；最小值法适用于低对比度输入图像；最大值法适用于高对比度输入图像；加权平均法可保证检测的可靠性和高信噪比。

目前通常采用的颜色模型，一种是红、黄、绿（RGB）三原色模型；另一种是强度、色调、饱和度（IHS）模型。IHS 模型是适合人直觉的配色方法，因而成为彩色图像处理最常用的颜色模型。强度表示光谱的整体亮度，对应图像的空间分辨率，色调描述纯色的属性，决定光谱的主波长，是光谱在质的方面的区别，饱和度表示光谱的主波长在强度中的比例，色调和饱和度代表图像的光谱分辨率。传统的 IHS 图像融合方法其基本思想是将 IHS 空间中的低分辨率亮度成分 I_0 用具有较高空间分辨率的灰度图像的亮度成分 I 所代替。

与 RGB 模型相比，IHS 模型更加符合人眼描述和解释颜色的方式，同时由于 I、H、S 三个基本特征量之间相互独立，因此，IHS 模型经常被用于基于彩色描述的图像处理中，从而将彩色图像中携带的彩色信息（色调和饱和度）和无色光强信息（亮度）分开处理。

IHS 空间图像融合方法利用 IHS 模型在表示彩色图像方面的优势，常应用于对遥感图像的融合处理。在遥感数据集中，由不同传感器获取的影像数据在几何、光谱和空间分辨率等方面存在着一定的局限性和差异性，例如多光谱图像的光谱分辨率较高，但空间分辨率较低，而全色图像具有高空间分辨率，但光谱分辨率较低。

为了在保留多光谱图像光谱信息的同时增强其空间分辨率，可以在 IHS 空间融合低空间分辨率的多光谱图像和高空间分辨率的全色图像，将多光谱图像从 RGB 颜色模型转换到 IHS 模型，并在 IHS 空间中将反应多光谱图像空间分辨率 I 的分量与全色图像进行融合处理，再将融合结果变换回 RGB 空间，即可得到融合后空间分辨率被提高的多光谱图像。

基于 HIS 模型的图像融合方法的一般步骤如下：

（1）将多光谱图像的 R、G、B 三个波段转换到 IHS 空间，得到 I、H、S 三个分量。

1.3 图像融合方法研究现状

（2）将全色图像与多光谱图像经 IHS 变换后得到的亮度分量 I，在一定的融合规则下进行融合，得到新的亮度分量（融合分量）I′。

（3）用第（2）步得到的融合分量 I′代替亮度分量，并同 H、S 分量一起转换到 RGB 空间，最后得到融合图像。

在上述步骤中，第（2）步的融合规则可以选取直方图匹配法，以 I 分量为参考，对全色图像进行直方图匹配，使得匹配后的图像 I_{new} 与原多光谱图像保持较高的相关性，然后用 I_{new} 的分量替换多光谱图像中原来的 I 分量，再转换到 RGB 空间，得到最终的融合结果。传统的 IHS 变换融合方法虽然大大提高了融合图像的空间分辨率，但它存在严重的光谱畸变现象。IHS 变换可以提高影像的地物纹理特性，增强其空间细节表现，但是由于在变换中 I 分量被高分辨率全色影像取代，因此变换的结果会产生较大的光谱失真，融合后图像识别精度不高。

传统的 PCA 方法常用于近似图像的融合。通过 PCA 方法找到待融合的近似图像的主成分，然后根据主成分确定各待融合图像的权重，具体步骤如下：

（1）将近似图像按照行优先或者列优先组成列向量，并计算协方差。

（2）根据协方差矩阵求取特征向量，确定第一主成分对应的特征向量。

（3）根据第一主成分对应的特征向量，确定各图应该被分配的权重。假设有 2 幅图像 A、B 进行融合，其第一主成分对应的特征向量设为 (x,y)，则图 A 的权重分配为 $x/(x+y)$，图 B 的权重分配为 $y/(x+y)$。

当待融合图像的近似图像类似时，用 PCA 方法确定的权重类似于均值权重；当待融合图像的近似图像存在一定的差异时，用 PCA 方法通常能够得到较好的权重分配；但是当待融合图像的近似图像差异过大，即相关性较弱，往往不能准确地分配权重，甚至会导致图像严重失真。

如图 1-4 所示的基于 PCA 分解的图像融合框架，源图像首先经过 PCA 分解，依据前几个主成分重建图像，再经下采样过程得到近似图像；近似图像通过上采样后，与上层图像的差异即为细节图像；图像重构的过程即为最底层近似图像与各层细节图像累加的过程。当针对单一样本，如一幅图像，进行主成分分析时，可以将一幅图像分割成许多小图，并假设这些图像具有相关性，且这些假设在大部分情况下都成立。

多尺度分析（multiscale-analysis），又称多分辨率分析，基本思想是把平方可积空间分解为一串具有不同分辨率的子空间序列。多分辨率或多尺度分析的基本思想：函数 $f(x)$ 可以看作某个渐渐逼近的极限，每层逼近是采用某个低通滤波函数对 $f(x)$ 实施平滑后的结果。当逐层逼近的低通滤波函数也进行相应地逐层伸缩，即采用不同的分辨率或尺度来逐层逼近 $f(x)$。多尺度变换是一种公认的有力工具，已被证明对图像融合和其他图像处理非常有效。

1 充油电气设备渗漏油检测技术概述

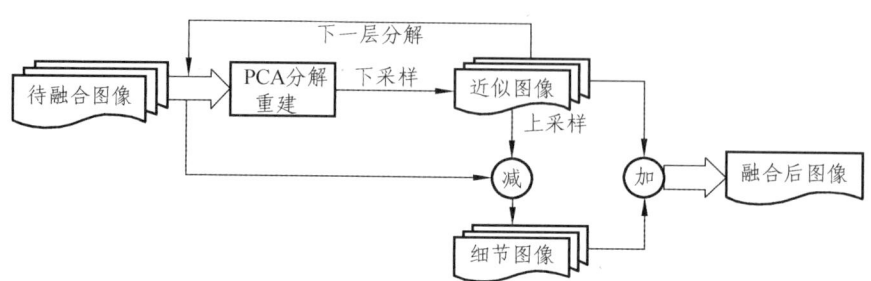

图 1-4 基于 PCA 分解的图像融合框架

首先，使用多尺度变换来获得输入图像的多尺度表示，其中图像特征在联合空间频率域中表示。然后，根据特定的规则融合不同图像的多尺度系数获得融合后的多尺度系数，这时通常会考虑系数的活跃度和相邻像素或者不同尺度像素之间的相关性。最后，通过对融合后的表示系数进行多尺度逆变换获得融合图像。这种图像融合框架涉及两个基本问题，即多尺度分解方法的选择和用于多尺度系数融合的融合策略。一直以来，许多研究者不断尝试解决这两个问题。

金字塔变换是一种常用的多尺度分解方法，金字塔变换的最高层是由低分辨率表示的图像，而其他各层是由每种尺度图像的高分辨率表示。金字塔变换能对图像中的近似特征和细节特征进行分析，例如，可以使用低分辨率图像分析图像的近似特征，使用高分辨率图像来分析图像的细节特征。换句话说，根据不同的尺度和不同的分辨率，不同分解层上包含图像不同的特征信息。金字塔方法是在一定水平上形成原始图像的金字塔结构。首先运用选择性方法将源图像分解为金字塔结构，在此步骤之后将所有分解后的图像合并，最后应用逆金字塔变换来获得融合图像。常用的金字塔结构是拉普拉斯金字塔、高斯金字塔等，两者关系如图 1-5 所示。

拉普拉斯金字塔是由高斯金字塔派生而来。高斯金字塔是通过将图像与高斯低通滤波器进行卷积然后向下采样 2 倍创建而成。拉普拉斯金字塔是多尺度图像融合的一种方法，从根本上说，它是一种将低分辨率图像转换为高分辨率图像的方法。拉普拉斯金字塔方法经历了四个阶段：模糊（低通滤波）；二次采样；内插；在每个金字塔级别使用差分。原始图像是在第一级拍摄的，之后将它们分为更多级。

DWT（离散小波变换），通过在频域和时域给出结果而具有优于傅里叶变换的优势。在这种方法中，将源图像转换为特定级别的信息系数和近似系数，然后依据融合规则将这些系数进行组合，应用小波逆变换获得最终的融合图像。

1.3 图像融合方法研究现状

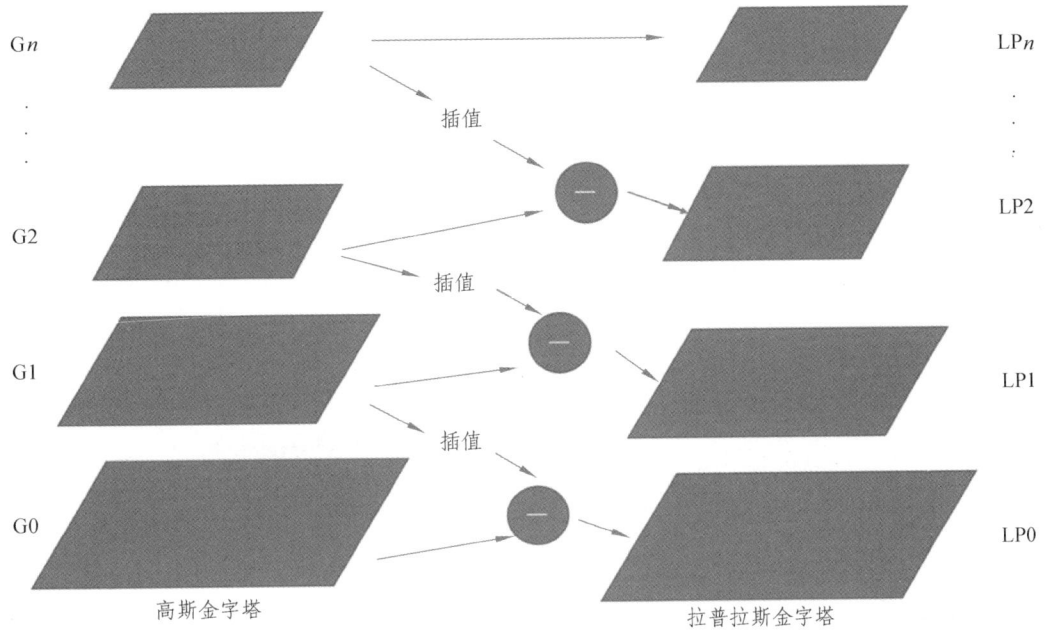

图 1-5 高斯金字塔与拉普拉斯金字塔的关系示意图

与一般的金字塔分解相比，DWT 图像分解具有以下优势：

（1）具有方向性，在提取图像低频信息的同时，还可获得水平、垂直和对角三个方向的高频信息。

（2）通过合理的选择母小波，可使 DWT 在压缩噪声的同时更有效地提取纹理、边缘等显著信息。

（3）金字塔分解各尺度之间具有信息的相关性，而 DWT 在不同尺度上具有更高的独立性。

DWT 融合算法基本思想与金字塔算法一致，即首先对源图像进行小波变换，然后按照一定规则对变换系数进行合并；最后对合并后的系数进行小波逆变换得到融合图像。由于不具有位移不变性，基于 DWT 的标准小波融合算法获取的融合图像通常会存在"振铃"干扰；特别在处理连续的图像时，融合结果会出现明显的闪烁和抖动现象。

由于该方法使用频域和时域并具有混叠和偏移方差等缺点而缺乏方向性。为了克服这些问题，引入了一种新方法，该方法是二叉树复数小波变换（DTCWT），如图 1-6 所示。它克服了位移不变性和方向选择的缺点，但是由于该方法也使用小波，因此具有诸如边缘和曲线不正确的缺点。该方法使图像的光谱畸变问题最小化，但是具有空间分辨率低的缺点。为了克服 DWT 的缺点，引入了双树复小波变换。与小波变换不同，双树复小波变换具有近似位移不变性、数据冗余有限及方向选择性良好等特点，可以反映图像在六个方向上的分辨率变化。如图 1-7 所示。

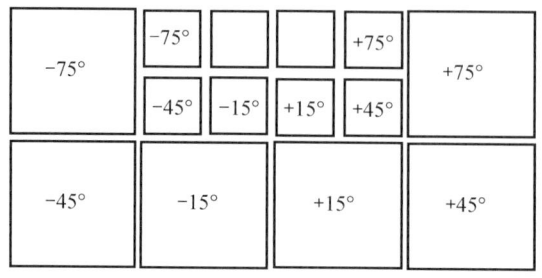

图 1-6　图像的二层 DTCWT 分解示意图

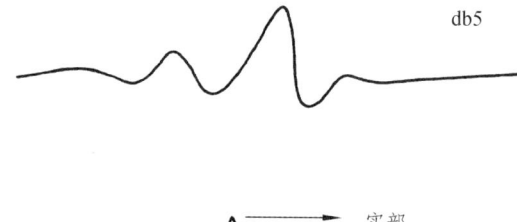

图 1-7　多贝西小波与复数小波分解示意图

  DCT（离散余弦变换）方法将输入图像分解为大小为 $n \times n$ 的块，进行离散余弦变换并在每个块上依据融合规则获得这些融合系数之后，应用反向离散余弦变换来获得最终融合结果，它具有出色的致密性。

  相较于小波变换和多尺度几何分析，采用过完备字典与稀疏系数的线性组合对图像进行重构、压缩、描述、表示，是一种高效、准确的方法。近年来，广大专家、学者在稀疏表示领域展开了极为广泛而又深入的研究，使其在图像处理的多个领域，如图像修复、图像分类等得到应用。

  稀疏表示的基本原理是将一组信号或图像分解为一个稀疏系数与过完备字典，使用高质量的超完备字典，稀疏地显示了输入图像，从而使其表现得更好。该方法使用滑动窗口将输入图像划分为不同的块，然后使用超完备字典进行稀疏编码，从而使该方法变得"健壮"。在线字典学习、多尺度字典学习、自适应稀疏表示、PCA 和聚类等方法正在将稀疏表示应用于图像融合领域。在图 1-8 中，y 为输入信号，D 为过完备字典，z 为稀疏系数。其中，彩色小方格代表非零元素，而无色小方格代表零元素。在字典中，由红色矩形框圈出部分代表非零元素对应的基。从图中可以直观地看出，通过与过完备字

1.3 图像融合方法研究现状

典相乘，稀疏系数只需少量元素即可对输入信号进行表示。在示意图中，稀疏系数 z 中包含三个非零元素，即可称之为 3-稀疏。

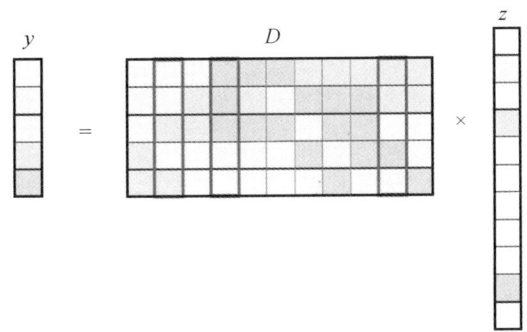

图 1-8　稀疏表示模型示意图

字典构建作为稀疏表示中的一大核心问题，不仅决定着是否能对输入信号进行稀疏表示，同时也影响着稀疏编码的性能。字典学习方法一般可以概括为两种：基于解析式的固定字典与基于样本学习的学习字典。基于解析式的字典生成方法主要是采用数学分析的方式构建基于数学模型的过完备字典。这类字典主要采用的数学方法包括：离散小波变换和离散余弦变换。此类字典采用解析数学模型进行描述，其获取速度快，结构性强，对于图像中的某一类几何特性能够进行有效地表示。但由于此类字典一经生成，结构即固定，内部基不再改变导致了其缺乏自适应性，难以对图像中所有几何结构都进行有效的稀疏表示，仅可对某些特定的几何结构进行稀疏表示。相较于基于解析式的固定字典，基于训练样本的学习字典并非通过解析式来获取字典，其字典通过对样本进行学习获取。

稀疏表示的方法也存在一些问题：在基于稀疏表示的多模态图像算法中，对图像平缓的低频部分进行融合时，会出现稀疏系数误选的情况。采用何种方法对图像进行预先分解，对图像低频与高频信息采用不同融合方法进行融合是解决这一问题的主要途径。在基于稀疏表示的图像融合中，若采用同一本字典无法将不同分辨率的图像稀疏编码为等数量等维度的稀疏系数，从而进行系数融合。若需要将基于稀疏表示的图像融合方法扩展到对多分辨率图像进行融合，则需要使用不同的字典对不同分辨率图像进行编码，以获得相同数量、相同维度的稀疏系数后，方可进行融合。

实际应用中，在传统图像融合技术的基础上，研究者们根据不同光谱图像特点提出一系列多光谱图像融合方法。根据紫外光对电晕的敏感性提出了基于小波变换的紫外与可见光图像融合方法，用于异常放电检测；根据一些有机物对紫外光的光谱吸收特性提出了变换域图像融合方法，用于岩石裂缝测量；还有一些基于多尺度分析的红外-可见光图像融合方法。如前所述，不同的传统方法在图像融合效果上有不同的优势，然而它们在多光谱图像融合场景下存在一些共性问题：需要手动设计策略、决定各光谱范围、图像的变换规则以及在融合图像中表现的比重（活动水平测量）；同时也需要手动设计融合规则。这导致了在不同场景下传统方法需要根据经验手动调整。随着融合方法的复杂度提高，这些融合方法中关键要素的复杂度也在不断提高，在传统方法中却仍然需要手动设计，而基于深度学习的多光谱图像融合能够很好地解决这一问题。

一种基于深度学习的红外-可见光图像融合框架，使用图像分解方法将源图像分解为基本内容和细节内容，基本内容按平均加权策略融合获得融合图像的基本部分，利用深度学习网络计算多层特征来提取细节，细节内容按最大选择策略生成融合图像的细节部分，两部分叠加得到最终融合图像。有学者提出了基于暹罗卷积神经网络的融合方法，将融合权重策略整合进了神经网络中，采用特征编码和特征分类方法生成权重图，从而减少噪声、失真和强度差异对融合权重策略的影响。基于联合卷积自编码网络的图像融合方法使用卷积编码网络分别提取源图像的公有特征和私有特征，对两种特征按不同的融合策略进行融合，最后使用卷积解码网络重构融合图像，其主要思想是尽可能地通过神经网络恢复出源图像，这表明神经网络学习到的特征以及所使用的融合策略是合理的。

深度学习模型在各方面应用广泛，具体有自动编码器（Auto-Encoder，AE）、稀疏自动编码器（Sparse Auto-Encoder，SAE）、降噪自动编码器（Denoising Auto-Encoders，DAE）、限制玻耳兹曼机（Restricted Boltzmann Machine，RBM）、深度信念网络（Deep Belief Networks，DBN）、卷积神经网络（Convolution Neural Network，CNN）等，从使用方法的角度来分类，有卷积神经网络（CNN），卷积稀疏表示（CSR）和稀疏自动编码器（SAE）等。本章将着重介绍在图像融合领域使用较多的两种深度学习模型：稀疏自动编码器和卷积神经网络。

在深层网络模型生成的过程中，往往需要进行预训练，自动编码器可以有效地预训练生成模型。其结构如图 1-9 所示。

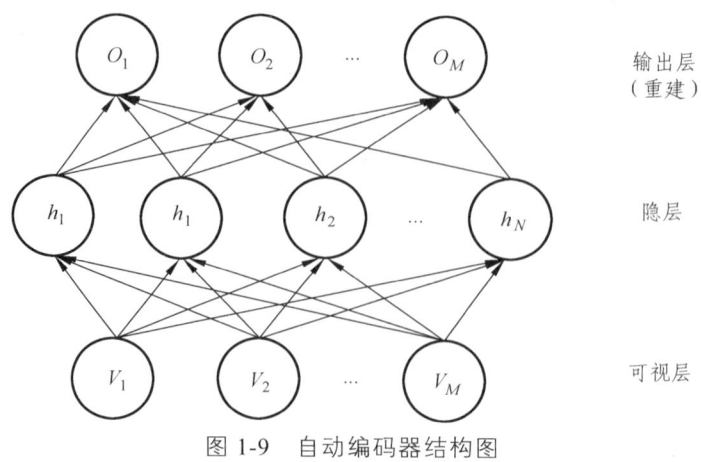

图 1-9　自动编码器结构图

1.3 图像融合方法研究现状

如果隐藏层神经元数目较多（多于输入神经元的数目），那么此时给自编码网络加上一些限制可以发现输入数据中的一些结构特点，比如加上稀疏性限制。这就过渡到深度学习中的一个模型，稀疏自编码模型。稀疏自编码器的一般结构，如图1-10所示。稀疏自编码器训练出的模型具有稀疏性，一般高维且稀疏的模型表达效果较好。稀疏自编码是在自编码算法的基础上加上稀疏性的限制，而这里提到的稀疏性限制就是要保证隐藏层的神经元在大多数的情况下是被抑制的状态。对于激活函数，若是使用 sigmoid 函数，那么被抑制时输出就是 0；若是使用 tanh 函数，那么被抑制时输出就是 -1。若是隐藏层具有很多的节点，基本上被抑制的节点不会被指定，被指定的一般是一个稀疏性参数，用这个参数来代表隐藏层神经元的平均活跃程度。

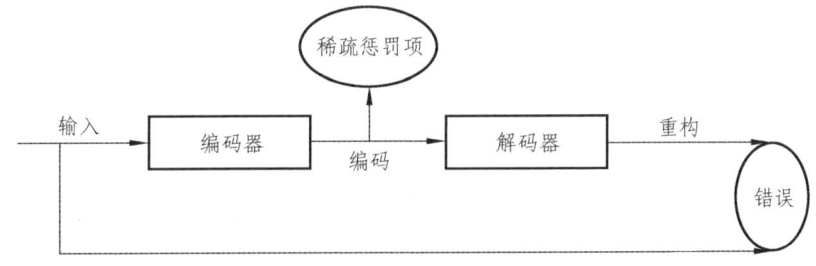

图 1-10　稀疏自编码器

通过稀疏自编码器，可以得到深度学习过程中每一层所表示的特征。以第二层隐含层为例，输入信号输入编码器，得到一个编码，再从解码器输出一个信息，在理想的情况下，输出的信息和输入是一样的，是原输入信号更加抽象的表示，具有更易于机器识别的特征。

卷积神经网络（CNN）作为深度学习模型的一个主要类型，对于其在图像上的应用，近年来的研究十分火热，出现了诸如 LeNet、Alex Net 等模型结构。卷积神经网络中有两种神经元：一种称之为 C 元，用来进行特征提取；一种称之为 S 元，用来进行特征映射。

如图 1-11 所示为卷积神经网络的一种典型模型 LeNet-5，用于手写数字体的识别，包括了图中所示的五个层次。

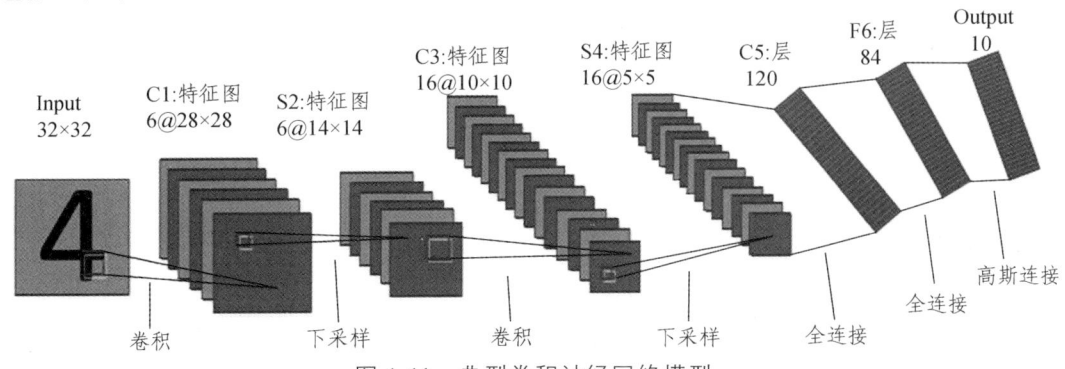

图 1-11　典型卷积神经网络模型

卷积神经网络是一个多层的结构,它的每一层都是由多个代表不同特征的图构成。CNN的特点在于结构不复杂、适应性强且训练参数少等。在图像应用上的优点更为突出,CNN能够直接将图像作为系统的输入信号,这样就避免了一些传统算法的复杂特征提取与重构的不足。同时,CNN 具有的最大优势体现在减少网络的训练参数上,两类方法实现了这一要求,即局部感受野与权值共享,这两点不仅实现了参数数量上的减少,而且对于训练的速度也有提高。局部感受野,即层与层之间的连接是一个小区域,减少全连接带来的冗余。CNN通过数字卷积滤波器将对应的感受野转化为相应卷积层对应的神经元,通过反复移动感受野,直至覆盖整个输入层。尽管局部感受野在一定程度上减少了参数的数量,但在数据量非常庞大时在经过感受野减少后仍然会是一个很大的数目,此时,为了更进一步减少参数数量,CNN 采用权值共享的网络模式。权值共享具体是指对于相同的特征图,各个感受野共用同一个卷积核,因此最终参数的数量就归结为感受野区域大小的数值。

以上介绍和比较了几种典型的图像融合方法,可以看出图像融合方法发展的趋势是从传统方法向深度学习过渡的。尽管深度学习方法比较复杂,但它能从网络框架中学习到图像融合的活动水平测量与融合规则,这两部分的手动设计要比深度学习方法本身复杂得多,另外深度学习方法融合的图像质量更高,可在不同场景下产生惊艳的效果。典型图像融合方法比较如表 1-1 所示。

表 1-1 典型图像融合方法比较表

方　　法	优　　点	缺　　点
简单的算术平均法	使用简单,易于实现	会导致对比度的降低,健壮性较差
Brovery 和乘法法	具有非常快的处理速度,所需的时间非常少,并且产生的图像具有不错的效果	会产生颜色失真且引入了类似模糊的失真
IHS 法	具有高锐化能力和快速处理能力	它仅处理三个 RGB 波段,因此结果将出现颜色失真
使用拉普拉斯算子、高斯算子、梯度金字塔、形态金字塔的方法	边缘保留效果好,无混叠失真,具备旋转不变性,视觉效果好	图像融合结果受分解级别的影响大
DWT 法	与基于像素的方法相比,它提供了更好的信噪比	缺乏方向性,有混叠失真和振荡失真,存在移位偏差
DCT 法	可以按一系列波形转换图像,因此广泛用于实际场景	融合图像的质量并不高
基于稀疏的方法	对图像的表示更准确、高效	会出现稀疏系数误选
深度学习方法	能增强融合图像的质量,可得到更高效的方法	运算速度慢,系统往往比较复杂

1.3 图像融合方法研究现状

图像融合是图像处理领域的重要问题之一,它指的是将同一场景的两幅或多幅图像(包含的信息有所不同)进行信息提取和信息融合,生成一幅包含所需信息图像的方法。多视角图像的融合,是图像融合中的常见场景,即源图像是从面向目标的多个视角采集的,每个源图像只包含一个视角的信息,多视角图像融合的意义主要是减少单一视角对场景描述的不确定性,使融合图中利用到多个视角提供的信息,方便人类观察或者计算机处理。

随着光学和图像传感器的不断发展,人类获取图像的光谱范围不断扩大,各种光谱图像的应用范围十分广泛:常见的例如红外光图像对热敏感,它能在可见光不足的夜间对物体成像,还可以提供物体的热红外数据,被应用在监控、军事、环境监测等多种领域;紫外光穿透能力强、能和某些物质产生荧光效应,于是紫外光图像被广泛应用在工程结构检测、透视或鉴定领域。

不同光谱图像的数据形式呈现较大区别,某油料图的不同光谱图像如图 1-12 所示,(a)是 370 nm 波长的紫外光图像,(b)是 600 nm 波长的可见光图像,(c)是 900 nm 波长的红外光图像。可见光图像是人类视觉感知光谱范围的图像,它和紫外光图像、红外光图像等其他光谱图像具有很强的信息互补性,多光谱图像融合正是利用这种信息互补性生成质量更高、视觉效果更好或者更适合计算机处理的图像。

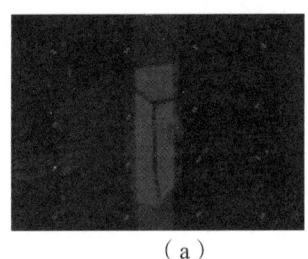  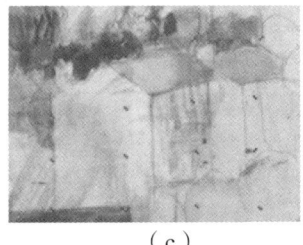

(a) (b) (c)

图 1-12 某油料图的不同光谱图像

多视角、多光谱图像融合技术处于图像处理、多光谱成像、图像融合等技术的交叉领域。它既要解决多视角源图像之间的视差问题,以保证融合图像在图像空间关系上的正确性,又要针对不同光谱图像的特点设计融合策略,以达到图像融合的最佳效果。目前,解决多视角、多光谱图像融合问题的方法大多是分开研究的,以下分别对多光谱图像融合技术与多视角图像融合方法的国内外研究现状进行介绍。

同一目标的多光谱图像提供了丰富且互补的图像信息,使用多光谱图像融合技术得到高质量的融合图像是非常有用的,例如紫外光图像与可见光图像融合为电力设备检测和工程结构故障检测提供了十分有效的手段,红外图像与可见光图像融合能在一幅图上提供热信息与细节结构信息,卫星采集的高光谱图像与全色图像融合能提供高分辨率的地理信息图像等。

在传统图像融合技术的基础上,研究者们根据不同光谱图像特点提出了一系列多光谱图像融合方法。Ma 等人根据紫外光对电晕的敏感性提出了基于小波变换的紫外与可见光图像融合方法,用于异常放电检测。Wang 等人根据一些有机物对紫外光的光谱吸收特性提出了变换域图像融合方法,用于岩石裂缝测量。还有其他一些基于多尺度分析的红外-可见光图像融合方法。如前所述,传统方法在图像融合效果上具有不同的优势,然而它们在多光谱图像融合场景下存在一些共性问题:需要手动设计策略决定各光谱范围图像的变换规则以及在融合图像中表现的比重(称为活动水平测量),同时也需要手动设计融合规则,这导致了在不同场景下方法需要根据经验手动调整。随着融合方法的复杂度增加,这些融合方法中关键要素的复杂度也不断增加,在传统方法中却仍然需要手动设计,而基于深度学习的多光谱图像融合能够很好地解决这一问题。

Li 等人提出了一种基于深度学习的红外-可见光图像融合框架,使用图像分解方法将源图像分解为基本内容和细节内容,基本内容按平均加权策略融合获得融合图像的基本部分,利用深度学习网络计算多层特征来提取细节,细节内容按最大选择策略生成融合图像的细节部分,两部分叠加得到最终融合图像。Piao 等人提出了基于暹罗卷积神经网络的融合方法,将融合权重策略整合进了神经网络中,采用特征编码和特征分类方法生成权重图,从而减少噪声、失真和强度差异对融合权重策略的影响。Xiong 等人提出了一种基于联合卷积自编码网络的图像融合方法,使用卷积编码网络分别提取源图像的公有特征和私有特征,对两种特征按不同的融合策略进行融合,最后使用卷积解码网络重构融合图像,其主要思想是尽可能地通过神经网络恢复出源图像。在紫外-可见光图像融合方向,最近 Hou 等人提出了一种基于非下采样剪切波变换与自适应稀疏表示(NSST-ASR)的紫外与可见光图像融合方法,使用 NSST 变换进行图像的分解然,然后使用不同的策略融合低频部分与高频部分,在变电站放电检测中取得了不错的效果。

上述基于学习的多光谱图像融合方法都没有考虑到源图像的多视角情况,由于多光谱图像的光学异构性,现有的图像配准方法并不能很好地消除视差,需要借助后续的融合方法进一步减小配准误差。

解决多视角图像融合中视差问题的流行方法是先使用图像分割、配准、拼接等技术,对多视角图像预处理以减少或消除视差,然后再按无视差图像融合方法进行融合。直接对多视角图像融合而跳过对视差的预处理是十分困难的,因为在融合策略中集成视差处理会带来很大的设计难度,通常融合结果也没有经过预处理步骤的效果好。这类多视角图像融合技术在遥感图像融合领域和医学图像融合得到了很好的应用与孵化,对源图像进行配准预处理再融合的方法扩展性很强,但是覆盖领域的广度与深度都还不够。

最近出现了一些直接对多视角图像进行融合的方法,取得了较好的效果。Seng 等人提出了一种两阶段模糊图像融合方法,对多视角雷达穿墙图像分两个阶段进行融合,产生了具有高目标强度和低杂波的雷达图。Xue 等人提出了一种基于超图匹配和随机游走的多视角多曝光图像融合方法，利用超图建模精确提取特征匹配点，引入随机游走模型依像素计算融合权重。Sun 等人提出了 PWC-Net，利用图像金字塔结构结合卷积神经网络（Convolutional Neural Network，CNN）提取图像特征，并在网络中估计和更新光流，能快速计算源图像之间的变换关系。最近 Trinidad 等人进一步将 PWC-Net 改进提出了一种多视角图像融合方法，它使用了基于金字塔的级联特征提取架构，遵循 PWC-Net 的光流预测思想和编解码器结构，使融合方法的通用性增强，在高动态融合、单色图像染色和虚拟现实融合场景下都取得了不错的效果，但它还存在一些缺陷：基于光流策略的图像变换是在源图像光强度一致的假设条件下实现的，很多场景的源图像不符合这种假设（如使用不同光谱波段传感器采集的多光谱图像），另外它在面对源图像视差较大的情况时，不能取得令人满意的效果。

传统的图像融合方法应用在多视角、多光谱场景下时，存在活动水平测量与融合规则的复杂性问题，这种复杂性必须通过手动设计来解决，设计效率低且不确定性高。使用深度学习方法可以有效解决这种复杂性问题，但现有的基于深度学习的图像融合方法都仅针对特定多视角或特定多光谱的情况，而且配准多视角多光谱图像会存在配准误差，需要设计新的深度学习融合方法在尽力消除这种误差的同时融合出高质量图像。

图神经网络（Graph Neural Network，GNN）在推理图像数据相关特性方面的优秀表现为本研究带来了启发。Scarselli 等人阐述了图神经网络的使用，即使用神经网络处理图域中的数据。图神经网络可以划分为四类：递归图神经网络（Recurrent Graph Neural Networks，RecGNN）、图卷积网络（Graph Convolution Networks，GCN）、图自动编码器和图时空网络。

图卷积网络的运算方式是在传播过程中学习映射关系 $f(\cdot)$，通过聚合节点 v_i 的特征 x_i 及其相邻节点特征 $x_i(j \in N(v_i))$ 生成原节点的新特征，再将新特征用于后续的处理。GCN 按照变换域的不同可以分为基于频谱的 GCN 与基于空间的 GCN。基于频谱的 GCN 源自频谱方法在数字图像处理领域的扎实基础，大多可以在其中找到相对应的滤波器方法原型。基于空间的 GCN 源自传统卷积神经网络对图像卷积的操作，以图节点的空间关系为基础设计卷积网络，每个节点与附近的节点相连，然后聚合它们的特征信息，在 GCN 的后续还可以通过图池化操作优化网络的结构，通过设计新的图形信号滤波器（如 Cayleynets）构建新的 GCN。基于空间的 GCN 在 2009 年就有过研究，Micheli 在继承递归图神经网络传递消息思想的同时，首先通过结构上复合的非递归层解决了图相互依赖问题。

谱模型需要执行特征向量计算或同时处理整个图，效率比较低。空间模型可扩展到大型图，通过信息传播直接在图域中执行卷积，在一批节点而不是整个图中执行计算，而依赖于图傅里叶基础的谱模型对图的任何扰动都会导致本征基的变化。于是又出现了许多基于空间的 GCN 的研究。基于空间的 GCN 可以在每个节点上进行局部的卷积操作，在不同位置和结构之间实现网络权值共享，基于空间的模型还可以更灵活地处理多源图输入，例如边缘输入、有向图、有符号图和异构图等，这些图输入可以轻松地合并到聚合函数中。

近年来，图卷积神经网络在计算机视觉领域取得了显著成就。Marino 等人将图卷积神经网络用于整合图像间的结构化先验知识，提高图像分类的性能。Zhao 等人在人体姿态的 3D 估计中引入图卷积神经网络，可以很好地捕获局部和整体的人体姿态节点关系。He 等人将基于空间的 GCN 用于减少多视点压缩图像中的伪影，利用多个相邻视点的图像增强节点图像，达到了很好的效果。

基于空间的 GCN 能灵活处理多源图的输入，根据图像像素间的关系进行构图，从而推理出图像之间的相关关系，这种特性可以用于解决多视角、多光谱图像的融合问题。但是目前的图神经网络研究不能直接用于多视角多光谱图像的融合，需要根据这个问题的特点设计合适的网络结构，以有效解决多视角视差问题和多光谱图像信息异构的问题。

1.4 视觉 SLAM 方法研究现状

同步定位与地图构建（Simultaneous Localization and Mapping，SLAM）方法，解决的是确定设备（机器人、无人机等）自身运动轨迹以及构建周围环境地图的问题。

前 20 年 SLAM 问题的回顾在 Durrant-Whyte 和 Bailey 的文中有详细的论述。为"古典年代"（1986—2004），古典年代时期，引入了 SLAM 概率论推导方法，包括基于扩展卡尔曼滤波、粒子滤波和最大似然估计；而且，这里的第一个挑战是效率和数据关联的健壮性问题。接下来的年代称之为"算法分析"年代（2004—2015），在算法分析的年代，有许多 SLAM 基本特性的研究，包括可观测性、收敛性和一致性。在这一时期，研究者们理解了稀疏特征在高效 SLAM 解决方案中的重要角色，开发了主要开源 SLAM 库。

SLAM 是要构建一个全局一致性的环境表示方法，同时利用自动运动测量和回路闭合。这里的关键词是回路闭合：如果去掉回路闭合，SLAM 就会退化成里程计。在早期的应用中，里程计可以通过编码器获得。编码器的位姿估计方式漂移太快，几米内估计都很不稳定；这是 SLAM 发展过程中的主要威胁：外部路标的观测可以有效地减小轨迹漂移甚至有可能校正它。然而，更多新的里程计算法基于视觉和惯性传感器信息，漂移非常小（小于整个轨迹长度的 0.5%）。

我们发现过去 10 年中，视觉惯性传感器里程计的算法发展代表了最新进展；在这种程度上视觉惯性导航就是 SLAM：视觉惯性导航可以看作一个退化的 SLAM 系统，其中

1.4 视觉 SLAM 方法研究现状

回环闭合（位置识别）模块功能关闭。更一般的情况下，SLAM 要求研究更具有挑战性的配置下（比如，没有 GPS，低性能传感器）的传感器融合，这是相对其他应用而言的。

一个健壮的高性能里程计不带回环闭合，将世界理解成一个"无穷的走廊"，如图 1-13（a）所示，机器人会一直探索新的区域。回环闭合会告知机器人这个"走廊"与自己一直相交，如图 1-13（b）所示。现在，回环闭合的优势很清楚：通过查找回环闭合，机器人可以理解环境的真正拓扑关系，可以找到位置间的最短路径（比如地图中的点 B 和 C）。因此，SLAM 的一个特征是得到正确的环境拓扑关系，为什么不直接获取特征信息而是位置识别呢？答案非常简单：特征信息使位置识别更简单、更健壮；特征重构告诉机器人回环闭合的机会并且丢掉无效的回环。因此 SLAM 理论上可能是多余的（一个可靠地位置识别模块就可以满足拓扑建图），SLAM 可以天然地防止错误数据关联和直觉上的失真，比如相似的场景对应环境中完全不同的位置，因而可以检测位置识别。在这个意义上，SLAM 地图预测并验证了测量的有效性：可以认为这个机制是健壮操作的关键。

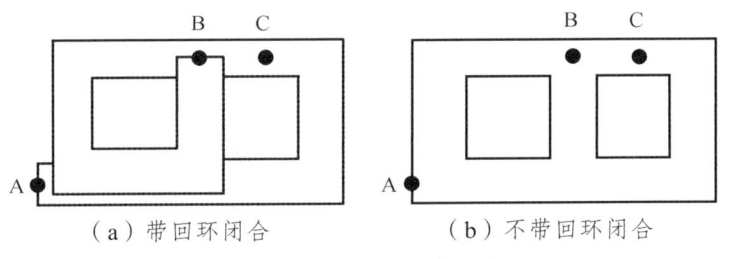

图 1-13 SLAM 闭合示意

SLAM 系统可以分为两部分：前端和后端。前端提取传感器数据构建模型用于状态估计，后端根据前端提供的数据进行推断，这个架构如图 1-14 所示，对下列两个部分进行讨论，先从后端开始。

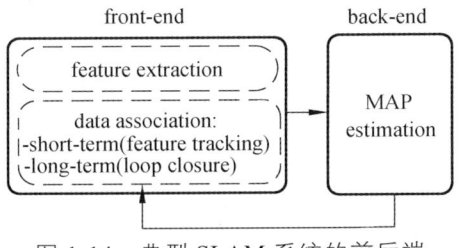

图 1-14 典型 SLAM 系统的前后端

事实上，当前 SLAM 系统标准的形成来源于 Lu 和 Milios 的论文，它是 Gutmann 和 Konolige 研究的后续。所有这些方法形成了 SLAM 最大后验估计问题，经常会使用因子图公式推导变量之间的依赖关系。

如果要估计位置变量 X，如前所述，在 SLAM 里面变量 X 主要包括机器人的轨迹（一系列离散的位姿 pose）和环境中路标 landmark 的位置。给定一组测量值 $Z = \{z_k : k = 1, \cdots, m\}$，那么每个测量值都可以表示为 X 的一个函数，比如 $z_k = h_k(X_k) + e_k$，其中 $X_k \in X$，即属于 X 的一个变量子集，$h_k(\ )$ 是一个已知的函数（测量值或观测模型），e_k 是随机测量噪声。在最大后验估计中，通过计算变量的概率分布来估计 X，是最大后验概率 $P(X|Z)$（X 表示观测值）：

$$\chi^* = \underset{\chi}{\mathrm{argmax}}\, P(\chi|Z) = \underset{\chi}{\mathrm{argmax}}\, P(Z|\chi)P(\chi) \qquad (1\text{-}1)$$

上述等式遵从贝叶斯理论。在等式（1）中，$P(Z|X)$ 是给定 X 时测量 Z 的似然，而 $P(X)$ 是 X 的先验概率。先验概率包含任何的关于 X 的先验信息，如果没有有用的先验信息，则 $P(X)$ 变成一个常数，可以从优化函数中移除。在这种情况下，MAP 估计变成了最大似然估计。

在因子图中变量对应节点。$P(Z_k|X_k)$ 和先验 $P(X)$ 称为因子，它们编码了一些子集节点间的概率约束。一个因子图是一个图模型，编码第 k 个因子和对应的变量 X_k 之间的依赖关系。图 1-15 展示了一个简单 SLAM 问题的因子图，也就是机器人姿态、路标位置、相机内参和变量间的因子约束。

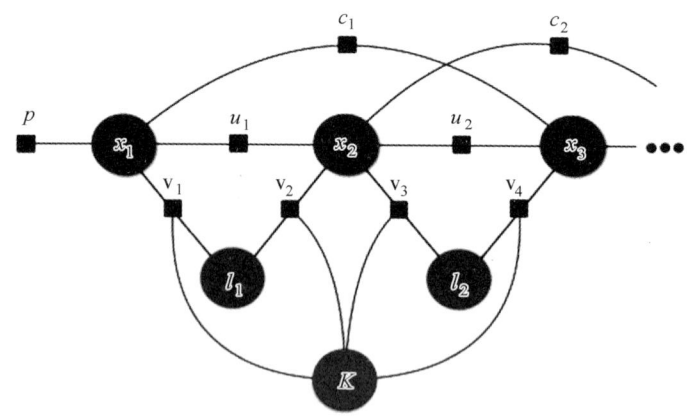

图 1-15　SLAM 因子图

蓝色的圆圈是连续时刻（$x_1, x_2, \ldots$）的机器人位姿，绿色的圆圈是路标的位置（$l_1, l_2, \ldots$），红色的圆圈表示相机内参的变量（K）。黑色的点是因子：u 是里程计对应的因子，m 是相机的观测值因子，c 是回环闭合，p 是先验因子。

理解现代 SLAM 方案的关键是，它的雅可比矩阵是稀疏的，该稀疏结构由内在的因子图的拓扑逻辑决定。这样即可采用快速线性方法计算。并且，它可以用于设计增量式（在线）方案，更新 x 新估计值作为新的观测值。目前的 SLAM 库可以在几秒中之内处

1.4 视觉 SLAM 方法研究现状

理数以万计的变量（例如 GTSAM、g2o、ceres、iSam、SLAM++）。到目前为止，SLAM 方法通常指最大后验估计、因子图优化、基于图的 SLAM、全滑动或滑动和地图构建（SAM）。需要特别指出的一个框架是位姿图优化，位姿图优化需要估计的变量是机器人轨迹中采样的位姿，在每对位姿上有一个因子约束。最大后验估计已经被证明是比原来的基于非线性滤波方法对 SLAM 更精确、更有效。

最大后验估计通常是在传感器数据预处理中执行，如果这样考虑，它通常作为 SLAM 的后端。依赖传感器的 SLAM 前端。在机器人的实际应用中，可能很难将传感器测量数据直接作为状态分析的函数。如果原始传感器数据是图像，那么每个像素的亮度很难表示为 SLAM 状态的函数；同样的难题也出现在更简单的传感器中（比如单一光束的激光）。在这两个例子中，无法比较设计出一个更为一般化的方法，为环境做可跟踪的表示；甚至在一般性的表示中，可能很难给出一个分析方程将观测值与表示方法的参数进行关联。正因为以上原因，在 SLAM 后端之前，通常都有一个前端模块从传感器数据中提取相关特征。比如，在基于视觉的 SLAM 中，前端提取环境中少量具有明显特征的点云像素位置，这些点云的像素观测值即可较容易地在后端部分构建模型。前端部分还负责将观测值和环境中特定的路标关联（如 3D 点云）：即所谓的数据关联。数据关联模块是将每个观测值 z_k 和一个未知变量子集 X_k 进行关联，如 $z_k = h_k(X_k) \in k$，前端还可以为非线性优化中的变量提供一个初始估计。典型的 SLAM 系统如图 1-16 所示。前端的数据关联模块包括一个短期和一个长期的数据关联模块。短期的数据关联模块负责关联连续的传感器观测值中对应的特征，如短期的数据关联模块可以跟踪连续图像帧中描述同一个 3 维空间点云的 2 个像素观测值。另一方面，长期数据关联（或闭合回环）负责将新的观测值关联到旧的路标上。可以发现到后端通常都会将反馈信息反馈给前端，可以用于回环检测和验证。特征改变依赖于输入的数据流，那么前端部分的预处理通常也依赖于传感器。

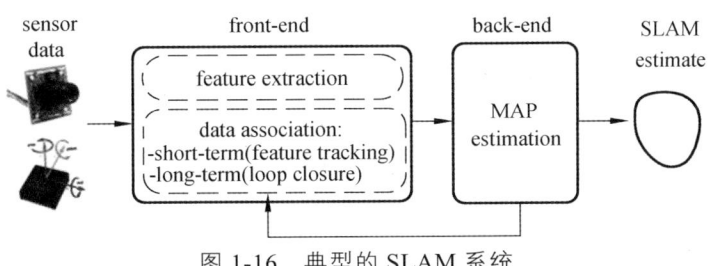

图 1-16 典型的 SLAM 系统

全自动化的第一步就是解决健壮性。SLAM 系统可能较为脆弱，可能会出现算法失效和硬件相关的失效。第一类主要是因为现有 SLAM 算法的局限所造成（如较难处理极端动态环境），后一类主要是因为传感器和机器老化。明确地提出失效模式对长期运行非常重要，那样就不会对环境结构有更高的要求（如要求大部分是静态环境）或者完全依赖板载传感器。

算法失效的一个主要来源是数据关联。前面提到数据关联将每次测量值与对应的状态进行关联。比如在基于特征的视觉 SLAM 系统中，将每个特征和特定的路标关联。直观对齐可能会出现不同的传感器输入产生相同的传感器信息的现象，导致这个问题非常难解决。在这个例子中，如果数据关联构建了错误的测量-状态匹配，后端可能会出现错误估计。如果环境中短期或季节变化并没有对动态环境构建模型，情况可能更糟糕，可能会欺骗短期或长期的数据关联。一个常用的 SLAM 要求是机器人走过的环境保持不变（即环境是静态的）。只要没有短期动态状态（如人和物体在周围移动）这个静态环境的要求在小场景中单一地图构建是适用的。如果地图构建长时间处在大场景中，变化就不可避免。昼夜变化、季节变换、环境结构的改变、旧建筑物变成新建筑物，所有这些都会影响 SLAM 系统的性能，类似依赖于视觉特征的系统会在剧烈的昼夜变化中失效，当旧建筑消失环境几何方法也会失效。

对错误数据的健壮性问题可以用于 SLAM 系统的前端部分，也可以用于后端。传统方法中，前端用于构建正确的数据关联。短期数据关联是最容易处理的：如果传感器的数据采样率相对较快，且比机器人的运动快，对相同 3D 路标跟踪特征就比较容易。如果需要在连续的图像中跟踪 3D 点云的同时图像帧率足够高，标准的基于描述子匹配和光流的方法可以确保可靠的跟踪。直观上，在高帧率情况下，传感器（相机，激光）视角改变不是很大，因此，$(t+1)$ 时刻的特征与 t 时刻的特征非常接近。事实上短期数据关联比长时间中的数据关联更容易更可靠，这使得（视觉、惯性）里程计比 SLAM 更简单。前端中长期数据关联更具有挑战性的同时需要闭合回路的检测和校验。对前端闭合回路来说，暴力匹配方法可能不切实际，它在当前观测中（如图像）侦测特征，而不是在之前检测到的所有特征进行匹配。

词袋模型可以量化特征空间和进行更有效的搜索以避免这种难题。词袋模型可以设计成层级式字典树，可以在大范围数据集中有效查找。基于词袋模型的技术在处理单任务闭环回路检测中表现出非常可靠的性能。然而，这些方法无法处理剧烈的图像变化因为视觉单词无法匹配。这样就需要开发新的方法匹配图像序列以处理这样的变动，收集不同的视觉贴图用于统一表示，或者同时采用空间和贴图信息。在基于激光的 SLAM 前端，基于特征的方法可以用来检测回环闭合，也提供了 2D 激光扫描的 FLIRT（Fast Laser Interest Region Transform）特征。

回环闭合校验由附加的几何验证步骤来确认回环闭合的质量。在基于视觉的应用中，随机抽样一致性算法 RANSAC 常用于几何校验和离群点去除。在基于激光的方法中，可以通过确认当前激光扫描和已经扫描完成的地图的匹配程度（匹配得有多好）来校验回环闭合（扫描匹配产生的残差有多小）。

1.4 视觉 SLAM 方法研究现状

尽管这些流程可以使前端的回环闭合检测更健壮，在直观对齐的情况下，错误的回环闭合不可避免地被反馈给后端。错误的回环闭合会严重损害最大后验估计的质量。为了处理这个问题，最近的一些研究提供了一些方法可以使 SLAM 后端对不合格的观测值处理更具有弹性。这些方法基于回环闭合的有效性进行推导，回环闭合通过优化过程中的残差进行约束。其他的方法，检测离群点先验信息，即在做任何优化之前，识别不正确的回环闭合，但里程计不支持这种做法。

动态环境中的挑战主要有两方面。第一个挑战，SLAM 系统必须检测、丢掉、跟踪变化。当主流的方法都尝试丢掉场景中的动态部分，部分研究工作将动态元素作为模型的一部分。第二个挑战，SLAM 系统必须构建模型处理永久或半永久变化，理解如何和什么时候更新地图。当前的 SLAM 系统处理动态环境，维护同一位置的多个（与时间相关）地图，或只有一个表示但可以根据时间变动进行参数调整。

尽管对 SLAM 后端进行了处理，当前 SLAM 方案在出现离群点时仍然比较脆弱。这主要因为健壮的 SLAM 是基于非凸集迭代优化。这样会有两个结果：首先，离群点去除的结果依赖于优化中初始估计的质量；其次，系统天生脆弱：任意一个离群点都会降低估计的质量，又会反过来降低系统分辨离群点的能力。一个理想的 SLAM 系统应是具有失效保护和失效侦测的功能。

其实硬件失效并不是 SLAM 研究的问题，但这些失效会影响 SLAM 系统，SLAM 系统具有重要作用，用于检测传感器和减少运动失效。如果传感器精度由于误操作或老化而降低，导致传感器的测量（噪声和偏移）质量不能匹配后端的噪声模型，将会产生较差的估计。

与基于特征方法不同，基于贴图的方法可以在白天和夜晚的图像序列上实现回环闭合，在不同的季节实现回环闭合是一件很自然的事情。对于几何度量重定位（比如对之前构建的地图估计相对位姿），基于特征的方法可能更规范化，但无法扩展到这样的环境中。如果视觉变成了针对不同应用的传感器选择，回环检测变成了传感器位置匹配问题，也可以研究 SLAM 问题所需的其他信息和传感器。比如，Brubaker 提出了轨迹匹配中相机的劣势。另外，先用一个相机建图，再在同一个地图中定位另一个相机，这种做法可能非常有用。Wolcott 和 Forster 的研究工作在这个方向上有所进展。另外一个问题是从不对称的拍照角度上得到不同的照片中如何定位。Forster 研究了在激光地图中的视觉定位问题，Majdik 研究了如何在 Google 街景照片的 3D 纹理地形图上定位无人机。Behzadin 演示了如何在手绘地图用激光扫描仪，Winterhatter 演示了如何在 2D 户型图上使用 RGB-D 定位。

主流 SLAM 方法均假设现实世界是固定不变的，然而真实世界由于其动态环境和物体畸变并非一成不变，一个理想的 SLAM 方案应能够处理环境中的动态因素，包括非固定部分，能够长时间工作且生成所有地形地图，并能实时处理这些工作。在计算机视觉领域，自 80 年代就开始尝试在有限的应用中将非固定的物体上恢复形状，比如 Pertlend 的论文需要物体结构属性的信息。Bregler 要求限定物体的畸变，在人脸识别上做了一些演示。最近关于非固定运动结构限制比较少，但主要应用于小场景。在 SLAM 领域，Newcombe 针对小场景提出了非固定实例。大场景非固定地图仍然需要大量研究。

SLAM 系统（特别是数据关联模块）需要更多的参数调整，在给定的场景中正确地工作。这些参数包括控制特征匹配的阈值，RANSAC 参数，还有决定何时添加新的因子到因子图中或何时触发回环闭合算法搜索匹配。如果 SLAM 要跳出受限的思维并可以在任意场景中均适用，则需要考虑自动参数调整的方法。

语义建图需要将语义方法与机器人环境的几何实体进行关联。最近人们已经认识到纯粹几何地图的局限，产生了较多工作构建环境语义地图，比其他机器人领域更多，比如自动驾驶，健壮性能，处理更复杂的任务（驾驶避免泥泞道路），从路径规划到任务规划，处理更高级的人机交互等。有大量的方法可以将这些观测值和不同的语义思想、方法与环境中不同的部分进行关联。将不同房间贴上标签，或将地图中不同的已知物体进行分割。除了这些方法外，用基本层级的语义语法分析进行分类，可以考虑传感器数据和语义方法的简单建图。

语义与拓扑逻辑 SLAM 对比：拓扑逻辑建图未采用几何度量信息，只使用位置识别构建图状结构，其中节点表示不同的位置地点，边缘表示位置之间是否可以连通。可以发现拓扑逻辑建图与语义建图完全不同，拓扑逻辑建图需要识别之前已看过的位置地点（比如是否厨房、走廊等），语义建图根据语义标签将位置分类。

人可以根据语义方法在不同的层级和组织结构方面，在基于复杂任务的环境中做决定。具体的组织结构细节取决于机器人需要执行任务的位置和类型，不同的阶段对问题的复杂度有不同影响。早期的机器人研究者直接使用经典的 SLAM 系统将几何地图分割成语义，用 2D 激光扫描仪构建几何地图，离线状况下通过马尔科夫网络将每个位姿进行语义位置分类。一个在线的语义建图系统融合三层推理方法（传感器数据，分类和位置），用激光和相机构建环境语义地图。有的方法采用不同的物体识别方法连通粗略的语义分割，明显优于单一系统，有的方法使用单目 SLAM 系统以增强视频的物体识别性能。

第一个语义地图出现不久后，有较多的研究使用语义分类物体。主要方法是如果在地图中进行识别，可以用几何先验知识增加对地图的估计。早期的尝试是在小场景用单目相机的稀疏特征或用稠密地图表示。基于 RGBD 传感器的使用出现了一个完全基于已知物体和户型信息的 SLAM 系统。

同时熟悉计算机视觉和机器人的专家们意识到可以在一个公式中推导单目 SLAM 和地图分割。在线系统提出了一个模型用曼哈顿方法分割室内场景地图，该方法用场景几何信息和语义信息联立估计相机参数、场景点云和物体标签。在其工作中，作者演示

1.4 视觉 SLAM 方法研究现状

了增强的物体识别性能和健壮性，20 分钟进行一对图像匹配，有限的物体分类对在线机器人操作无法进行实际应用。类似的案例解决了一个室外场景特定分类优化问题。尽管是离线方法，有人用后期语义分割和几何度量地图融合以降低问题的复杂性，类似的方法是采用立体相机。需要注意的是很多情况下只关注了地图构建部分，并没有优化计算位姿，在线系统使用立体相机和稠密地图。

SLAM 中的语义问题的研究仍处于早期阶段，与几何度量 SLAM 相反，它缺乏一个系统的方法：给定一些先验知识，机器人应能够推断新的方法及其语义表示，即它应该可以发现环境中的新物体或者新的分类，与其他机器人和人互动时了解新的属性，对环境中缓慢或突然的变化，采取相应的表示方法。比如带轮子的机器人需要分辨地形是否可行驶，以通知导航系统。如果机器人发现路上有一些泥泞，这就是之前分类过的结果，机器人应了解到一个新的类别，依据跨过泥泞道路的不同难度进行分类，或者如果发现其他的车辆陷在泥泞中，调整他的分类器。作为人类，语义表示可以简化且加速对环境的推理，当然精确的几何度量表示可能会花费一些时间，目前这并不适合机器人。机器人可以处理几何度量表示但无法真正使用语音方法。机器人目前无法有效高效率地定位，用环境中的语义信息持续建图（分类，关系和属性）。比如，在侦测汽车时，机器人应可以推断出汽车下面的地面（甚至在有遮挡的情况下），而且当汽车移动时有新的传感器数据读入，地图更新应该可以优化之前所估计的地面位置，甚至同样的更新应可以在单一有效的操作中改变汽车的全局位姿。

相机作为唯一外部传感器的 SLAM 被称为视觉 SLAM。由于相机具有成本低、轻便、易扩展的优点，且图像含有丰富的信息，视觉 SLAM 得到了巨大的发展。根据采用的视觉传感器的不同，可以将视觉 SLAM 分为三类：仅用一个相机作为唯一外部传感器的单目视觉 SLAM；使用多个相机作为传感器的立体视觉 SLAM，其中双目立体视觉的应用最多；基于单目相机与红外传感器结合构成传感器的 RGB-D SLAM。

基于特征的视觉 SLAM 方法是指对输入的图像进行特征点检测及提取，并基于 2D 或 3D 的特征匹配计算相机位姿及对环境进行建图。如果对整幅图像进行处理，则计算复杂度太高，由于特征在保存图像重要信息的同时有效减少了计算量，从而被广泛使用。早期的单目视觉 SLAM 的实现借助于滤波器。利用扩展卡尔曼滤波器（EKF）实现同时定位与地图创建，其主要思想是使用状态向量来存储相机位姿及地图点的三维坐标，利用概率密度函数表示不确定性，从观测模型和递归计算，最终获得更新的状态向量的均值和方差。由于 EKF 的引进，SLAM 算法会有计算复杂度及由于线性化而带来的不确定性问题。为了弥补 EKF 的线性化对结果带来的影响，将无迹卡尔曼滤波器（UKF）或改进的 UKF 引入单目视觉 SLAM。该方法虽然对不确定性有所改善，但同时也提高了计算复杂度。利用 Rao-Blackwellized 粒子滤波实现单目视觉 SLAM，该方法避免了线性化，且对相机的快速运动有一定的适应性，但为了保证定位精度，则需要使用较多的粒子，从而大大提高了计算复杂度。之后基于关键帧的单目视觉 SLAM 逐渐发展起来，其中最具代表性的是 PTAM，PTAM 提出了一个简单、有效的提取关键帧的方法，且将定位和创建地图分为两个独立的任务，并在两个线程上进行。在关键帧的基础上提出的一个单目视觉 SLAM 系统，将整个 SLAM 过程分为定位、创建地图和闭环 3 个线程，且对这 3 个任务使用相同的 ORB 特征，且引进本质图的概念以加速闭环校正过程。微软公司推出的 Kinect 相机，能够同时获得图像信息及深度信息，从而简化了三维重建的过程，且由于价格便宜，基于 RGB-D 数据的 SLAM 得到了迅速的发展。最早提出的使用 RGB-D 相机对室内环境进行三维重建的方法，在彩色图像中提取 SIFT 特征并在深度图像上查找相应的深度信息，然后使用 RANSAC 方法对 3D 特征点进行匹配并计算出相应的刚体运动变换，再以此作为 ICP 的初始值求出更精确的位姿。

直接的 SLAM 方法指的是直接对像素点的强度进行操作，避免了特征点的提取，该方法能够使用图像的所有信息。此外，提供更多的环境几何信息，有助于后续使用地图，且对特征较少的环境有更高的准确性和健壮性。

近几年，基于直接法的单目视觉里程计算法才被提出。相机定位方法依赖图像的每个像素点，即用稠密的图像对准进行自身定位，并构建出稠密的 3D 地图。可以对当前图像构建半稠密 inverse 深度地图，并使用稠密图像配准（dense image alignment）法计算相机位姿。构建半稠密地图即估计图像中梯度较大的所有像素的深度值，该深度值被表示为高斯分布，且当新的图像到来时，该深度值被更新。有研究人员对每个像素点进行概率的深度测量，有效降低了位姿估计的不确定性。相较于直接法，半直接的单目视觉里程计方法并不是对整幅图像进行直接匹配获得相机位姿，而是通过在整幅图像中提取的图像块获取位姿，这样可增强算法的健壮性。为了构建稠密的三维环境地图，相比之前的直接的视觉里程计方法，LSD-SLAM 算法（Large Scale Direct SLAM）在估计高准确性的相机位姿的同时可创建大规模的三维环境地图。

Kinect 融合的方法通过 Kinect 获取的深度图像对每帧图像中的每个像素进行最小化距离测量而获得相机位姿，且融合所有深度图像，从而获得全局地图信息。使用图像像素点的光度信息和几何信息来构造误差函数，通过最小化误差函数而获得相机位姿，且地图问题被处理为位姿图表示。一种较好的直接 RGB-D SLAM 方法是结合像素点的强度误差与深度误差作为误差函数，通过最小化代价函数，求出最优相机位姿，该过程由 g2o 实现，并提出了基于熵的关键帧提取及闭环检方法，从而大大降低了路径的误差。目前，点特征的使用最多，最常用的点特征有：SIFT（Scale Invariant Feature Transform）特征，SURF（Speeded Up Robust Features）特征和 ORB（Oriented Fast and Rotated Brief）特征。SIFT 特征已发展 10 多年，且获得了巨大的成功。SIFT 特征具有可辨别性，由于其描述符用高维向量（128 维）表示，且具有旋转不变性、尺度不变性、放射变换不变性，对噪声和光照变化也有健壮性。在视觉 SLAM 里使用了 SIFT 特征，但是由于 SIFT

特征的向量维数太高，导致时间复杂度高。SURF 特征具有尺度不变性、旋转不变性，且相对于 SIFT 特征的算法速度提高了 3~7 倍。SURF 被作为视觉 SLAM 的特征提取方法，与 SIFT 特征相比，时间复杂度有所降低。对两幅图像的 SIFT 和 SURF 特征进行匹配时，通常是计算两个特征向量之间的欧氏距离，并以此作为特征点的相似性判断度量。ORB 特征是 FAST 特征检测算子与 BRIEF 描述符的结合，并在其基础上做了一些改进。ORB 特征最大的优点是计算速度快，是 SIFT 特征的 100 倍，SURF 特征的 10 倍，其原因是 FAST 特征检测速度就很快，再加上 BRIEF 描述符是二进制串，大大缩减了匹配时间，而且具有旋转不变性，但不具备尺度不变性。SLAM 算法采用了 ORB 特征，大大加快了算法速度。ORB 特征匹配是以 BRIEF 二进制描述符的汉明距离为相似性进行度量的。

在大量包含直线和曲线的环境下，使用点特征时，环境中很多信息都将被遗弃，为了弥补这个缺陷，提出了基于边特征的视觉 SLAM 和基于区域特征的视觉 SLAM 方法。

帧对帧的对准方法会造成大的累积漂浮，由于位姿估计过程中总会产生误差。为了减少帧对帧的对准方法所带来的误差，提出基于关键帧的 SLAM 方法。

目前有几种选择关键帧的方法。当满足以下全部条件时该帧作为关键帧插入到地图里：从上一个关键帧经过了 n 个帧；当前帧至少能看到 n 个地图点，位姿估计准确性较高。当两幅图像所看到的共同特征点数低于一定阈值时，创建一个新的关键帧。基于熵的相似性选择关键帧的方法是由于简单的阈值不适用于不同的场景，对每一帧计算一个熵的相似性比，如果该值小于一个预先定义的阈值，则前一帧被选为新的关键帧，并插入地图里，该方法大大减少了位姿漂浮。闭环检测及位置识别，判断当前位置是否为已访问的环境区域。三维重建过程中必然会产生误差累积，实现闭环是消除的一种手段。在位置识别算法中，视觉是主要的传感器。对闭环检测方法进行比较，得出图像对图像的匹配性能优于地图对地图、图像对地图的匹配方法。

图像对图像的匹配方法中，词袋（bag of words）方法由于其有效性得到了广泛的应用。词袋指的是使用视觉词典树（visual vocabulary tree）将一幅图像的内容转换为数字向量的技术。对训练图像集进行特征提取，并将其特征描述符空间通过 K 中心点聚类（K medians clustering）方法离散化为个簇，由此，词典树的第一节点层被创建。下面的层通过对每个簇重复执行这个操作而获得，直到共获得层。最终获得 W 个叶子节点，即视觉词汇。

对重定位和闭环检测提出了统一的方法使用基于 16 维的 SIFT 特征的词典方法不断地搜索已访问位置。使用基于 SURF 描述符的词典方法进行闭环检测 SURF 特征，SURF 特征提取需要花费 400 ms；使用 SIFT 特征执行全局定位，用 KD 树来排列地图点；使用基于 FAST 特征检测与 BRIEF 二进制描述符词典，添加了直接索引（direct index），直接索引的引入使得能够有效地获得图像之间的匹配点，从而加快闭环检测的几何验证。用基于 ORB 特征的词典方法进行位置识别，由于 ORB 特征具有旋转不变性且能处理尺度变化，该方法能从不同的视角识别位置。位置识别方法使用基于 ORB 特征的词典方法选出候选闭环，再通过相似性计算进行闭环的几何验证。

对于一个在复杂且动态的环境下工作的机器人，3D 地图的快速生成是非常重要的，且创建的环境地图对之后的定位、路径规划及壁障的性能起到关键性作用，因此精确的地图创建非常重要。

闭环检测成功后，往地图里添加闭环约束，执行闭环校正。闭环问题可以描述为大规模的光束平差法（bundle adjustment）问题，即对相机位姿及所有的地图点 3D 坐标进行优化，但该优化计算复杂度太高，很难实现实时目标。

一种可执行方法为通过位姿图优化（pose graph optimization）方法对闭环进行优化，顶点为相机位姿，边表示位姿之间相对变换的图，也称为位姿图，位姿图优化即将闭环误差沿着图进行分配，即均匀分配到图上的所有位姿上。图优化通常由图优化框架 g2o（general graph optimization）内 LM（levenberg-marquardt）算法实现。

RGB-D SLAM 算法的位姿图里每个边具有一个权重，在优化过程中，不确定性高的边比不确定性低的边需要变化更多以补偿误差，并在最后对图里的每个顶点进行额外的闭环检测并重新优化整个图。在闭环校正步骤使用了位姿图优化技术实现旋转、平移及尺度漂浮的有效校正。在闭环检测成功后构建了本质图，并对该图进行位姿图优化。本质图包含所有的关键帧，但相比于 covisibility 图，减少了关键帧之间的边约束。本质图包含生成树、闭环连接及 covisibility 图里权重较大的边。

在各种 SLAM 方法中，单目视觉 SLAM 方法能有效地结合基于图像的渗漏油检测方法，能在实现功能的同时不增加其他硬件和过多的计算量，以下具体介绍单目视觉 SLAM 的研究现状，并将几种主流方法进行对比选择：

1.4.1 MonoSLAM

MonoSLAM 是第一个将 SFM 方法在 SLAM 中成功应用的方法。此方法的核心是：在概率框架下在线创建稀疏但连绵的地图。其主要贡献包括主动建图和测量、使用针对相机平滑运动的通用运动模型以及单目特征初始化和特征方位估计的解决方法。这些都是非常有效和健壮的算法，可以在标准 PC 和相机上以 30 Hz 的频率运行。

MonoSLAM 方法的关键概念是：概率的基于特征的地图。这个地图表示了在任何拍照时刻相机与特征的状态估计，更重要的是这些估计的不确定性。该地图通过被 EKF 更新而实现持续动态的演进（概率的状态估计在相机运动和特征观察过程中更新，同时特征可以不断添加也可以删除）。该地图的概率特征不仅表现为随着时间的推移传播的摄像机状态和特征的平均"最佳"估计值,而且表现为描述与这些值可能偏离大小的一阶不确定性分布。地图的表示如图 1-17 所示。

（a）追踪特征点在图像中的表示　　　　（b）特征点在三维空间中的表示

图 1-17　MonoSLAM 的运行时效果

显示相机的位置估计和特征位置不确定性的椭球,特征颜色代码如下:红色=测量成功,蓝色=尝试测量失败,黄色=在这一步没有选择测量。

所有的几何估计都可以被看作由表示不确定性边界的椭球形区域所包围（此处对应于三个标准差）,不同的椭球体可能具有不同程度的相关性。在时序建图中,经常出现以下情况:相机同时观察到的空间上距离较近的特征,它们位置的估计却有着明显的差异（这种情况由地图的协方差矩阵中由非对角矩阵块中的非零项表示,通过算法的操作自然产生）。

MonoSLAM 使用图像块作为特征,有工作证明:相对较大的（11×11 pixels）图像块更适合作为持久的地标特征,原因是大的模板相比标准的角点特征有更加独特的签名。通过使用可用的相机位置信息来改进大的相机位移和旋转情况下的匹配,从而显著提高该特征的效用。

突出图像区域最初是通过 Shi 和 Tomasi 的检测算子从相机获取的单色图像中自动检测。SLAM 目标是在可能的相机剧烈运动下能够重复识别一样的视觉地标,而由于在很小程度的相机运动后地标的外观很可能发生明显变化,所以直接的 2D 模板匹配作用有限。相应的进行改进 MonoSLAM,做出了各个地标分布在一个局部平面上的近似——很多情况下这个近似较为合适,也有部分情况下这个近似表现很糟糕,但比假设地标的图像块外表不发生变化更优。此外,由于这个表面的方向未知,所以在初始化时指定表面法向量平行于从特征到相机的向量。一旦一个特征的三维位置及深度被完全初始化,每个特征被存储为一个有方向的平面的纹理。

当从新的相机位置对特征进行测量时，图像块可以从 3D 投影到图像平面来为真实图像匹配创建一个模板。此模板将是首次检测到该特性时捕获的原始正方形模板的扭曲版本。在一般情况下，这将是一个完全的投影扭曲，具有剪切和透视畸变，这是因为 MonoSLAM 只是让模板反向、前向地通过相机模型。

启动后，状态向量可以用以下两种方式更新：

（1）预测步骤：当摄像机在捕获图像之间的"盲"间隔内移动时；

（2）完成特征测量后的更新步骤。本节考虑预测步骤。

为一个由未知的人、机器人或其他运动物体携带的敏捷相机构建的运动模型，这似乎与为一个在平面上移动的轮式机器人建模有着根本的区别：最明显的区别在于后者的运动是被"控制输入"驱动，而对于前一种情况下的相机运动未掌握任何的先验信息。最重要的是，这两种情况都是表示物理系统连续模型上的点。任何一个模型都必须停留在一定程度的细节以及对模型与现实之间差异做出的概率假设之上：即所谓的过程不确定性（process uncertainty 或噪声）。在使用轮式机器人的情况下，不定项（uncertainty term）考虑了一些因素，如潜在的车轮滑移、表面不规则性和其他尚未明确建模的主要非系统影响。在之前敏捷相机中，它考虑了人类或机器人载体的未知动态和意图，但这些也可以被概率建模。

MonoSLAM 使用的是"恒定速度、恒定角速度模型"。注意，这并不意味着相机一直以恒定的速度运动，而是统计模型在一个时间步长内的运动，平均来看，期望其未确定的加速度以高斯分布出现。这个模型的含义是：在预期的相机运动中强加了一定的平滑度，而较大的加速度是不太可能的。该模型具有微妙的有效性，即使在视觉测量稀疏的情况下也能给整个系统带来健壮性。

MonoSLAM 为视觉 SLAM 引入了主动搜索的概念，即根据恒速模型预测下一时刻的位置，并在加速匹配特征方面做出了开创性的贡献，但它的算法时间复杂度为 $O(N^2)$，其中 N 是特征数量。这意味着特征数量需要限制，在一般的实验条件下限制在 100 以内，并在 30 Hz 下实现，但这对于目前的应用需求来讲，特征数量明显是不足的。

1.4.2 PTAM

（1）PTAM（Parallel Tracking And Mapping）。

PTAM 最早提出将跟踪（track）和建图（map）分开作为两个线程的一种 SLAM 算法，是一种基于关键帧的单目视觉 SLAM 算法。跟踪线程的主要作用是：提取 FAST 特征、地图初始化、跟踪定位、选取添加关键帧到缓存队列、重定位。建图线程的主要作用是：局部 BA（Bundle Adjustment）、全局 BA、从缓存队列取出关键帧至地图、极限搜索添加点至地图。另一方面，按照一般的视觉 SLAM 流程，PTAM 可以分为以下几部分：传感器获取数据，前端视觉里程计，后端优化，建图。值得注意的是，PTAM 与后面所述的 ORB-SLAM 等算法不同，它没有闭环检测的部分。如图 1-18 所示。

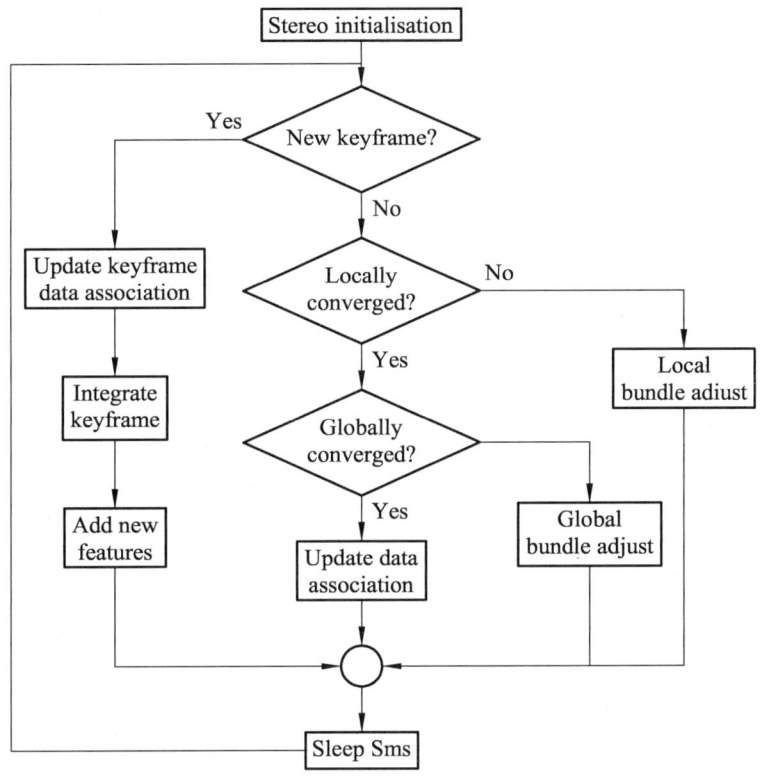

图 1-18　PTAM 异步建图线程流程图

PTAM 跟踪线程首先提取 FAST 特征，为了保证 SLAM 的实时性，选择 FAST 作为特征提取的方法，对于从数据流中输入的每一帧图像先进行金字塔分层（4 层均值金字塔），每一层都要进行 FAST 特征提取。对于每帧图像提取的 FAST 特征点，因经常出现"扎堆"现象，故进行非极大值抑制，选出较好的特征点，然后对每个特征点计算 Shi-Tomas 得分，选出得分较高的特征点（不超过 1 000 个，设置数量阈值），作为特征匹配的候选特征点，并开始初始化：

选择一帧图像，再通过基于 SSD 的块匹配选出第二帧图像，作为两帧关键帧；根据两帧图像间的匹配特征点，计算出两帧间的单应性矩阵，然后分解出对应的旋转平移矩阵，作为相机的初始位姿。因单目尺度的不确定问题，根据经验设定一个尺度，作用于初始两帧间的旋转平移矩阵，并作为全局的尺度。根据初始两帧间的旋转平移矩阵和特征点像素坐标，利用线性三角法深度估计算法估算出第一帧坐标系下的世界点三维坐标,再通过 BA 方法对世界点和相机初始位姿进行优化;因先前计算出的世界点数量可能不足,再通过极线搜索添加世界点,继续通过 BA 方法对世界点和相机初始位姿进行优化。

由世界点通过 RANSAC 找出主平面,作为系统的世界坐标系,同时计算出质心 C;计算出内点和主平面质心的协方差矩阵,通过 PCA 主成分分析得出主平面的法向量 NN,然后通过 Gram-Schmidt 正交化计算出第一帧坐标系和主平面坐标系旋转矩阵 RR,再根据质心 C 和公式 $Pw = R(Pc - C) = RPc - RC$ 计算出平移向量 $t = -RC$。通过主平面计算出的旋转平移矩阵,将第一帧坐标系下的世界点和两帧的旋转平移矩阵变换到主平面对应的世界坐标系下,第二帧对应的旋转平移矩阵作为当前相机的位姿。至此完成了 PTAM 初始化的过程。

初始化之后是跟踪定位过程。上一帧所得的相机位姿(旋转平移矩阵),通过作用运动模型和基于 ESM 的视觉跟踪算法对当前帧的相机位姿进行预测,将当前所有世界点根据小孔成像原理进行投影,并计算出对应的金字塔层级。按照金字塔高层优先原则,选取一定数量世界点(通常粗搜索选取 30~60 个,细搜索选取 1 000 个左右)。遍历选取的世界点,对于每一个世界点对应源帧图像中已经进行 Warp 变换的 8×8 的模板块,与以当前帧图像点一定范围内的每一个 FAST 特征点为中心选取的 8×8 像素块,进行基于 SSD 的相似度计算,选择具有最小 SSD 值的 FAST 特征点,并记录查找到的特征点数量,用于后期跟踪质量评估。出于精确性考虑,可通过反向合成图像对齐算法求取该特征点的亚像素坐标,进而计算每个世界点对应的重投影误差,建立误差函数,以预测的相机位姿作为初始值。通过高斯-牛顿非线性优化方法计算出当前帧的相机位姿,其中每次迭代的位姿增量为李代数形式。

实际上,PTAM 中位姿计算分粗跟踪和细跟踪两个阶段,每个阶段均进行上述的过程,主要差别在于选取世界点进行计算的点数不同。

(2)BA(Bundle Adjustment)。

BA 译为光束法平差,其本质是一个优化模型,目的是最小化重投影误差,用于最后一步优化,优化相机位姿和世界点。PTAM 中 BA 主要在 Map 线程中,分为局部 BA 和全局 BA,是其中比较耗时的操作。局部 BA 用于优化局部的相机位姿,提高跟踪的精确度;全局 BA 用于全局过程中的相机位姿,使相机经过长时间、长距离的移动之后,相机位姿仍比较准确。

BA 是一个图优化模型,一般选择 LM(Levenberg-Marquardt)算法并在此基础上利用 BA 模型的稀疏性进行计算;可以直接计算,也可以使用 g2o 或者 Ceres 等优化库进行计算。

极线搜索的过程选择关键帧容器中的最后一帧作为源帧,然后在所有关键帧中找到距离其最近的一帧作为目标帧。通过源帧中像素特征点、场景平均深度和场景深度方差,

1.4 视觉SLAM方法研究现状

根据对极几何原理，找出源帧中平均深度附近一定范围的光束，并将其投影到目标帧成像平面，作为一段极线。遍历该段极线附近所有的候选特征点，通过基于SSD的块匹配方法查找出与源帧图像匹配的特征点，再通过反向合成算法求取其亚像素坐标，然后通过三角法计算世界点。

PTAM实时性不错，并且同时是一个增强现实软件，有很直观的可视化效果（如图1-19所示）。根据PTAM估计的相机位姿，可以在一个虚拟的平面上放置虚拟物体，看起来就像在真实的场景中一样。但从现在的眼光来看，PTAM的适用场景小，跟踪容易丢失，健壮性不够强。这些缺陷在后续方案中得到了修正。

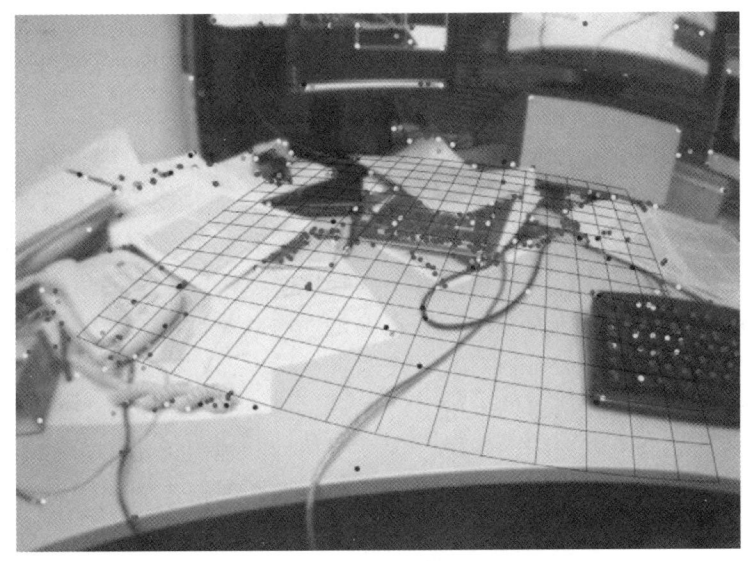

图 1-19　PTAM 的典型表现

在线生成桌面上近 3 000 个地图点，660 个成功观察点，还显示了地图的主导平面（绘制为网格）；该帧的跟踪时间为 18 ms。

（3）LSD-SLAM。

基于滤波器和基于关键帧 BA 方法通常都需要在图像中提取并匹配特征点，因此对环境特征的丰富程度和图像质量（如模糊程度、图像噪声等）十分敏感。相比之下直接跟踪法（direct tracking）不依赖于特征点的提取和匹配，而是直接通过比较像素颜色来求解相机运动，因此通常在特征缺失、图像模糊等情况下有更好的健壮性。不过对相机内参敏感和曝光敏感，相机快速运动时容易丢失，依然需要特征点进行回环检测。

1 充油电气设备渗漏油检测技术概述

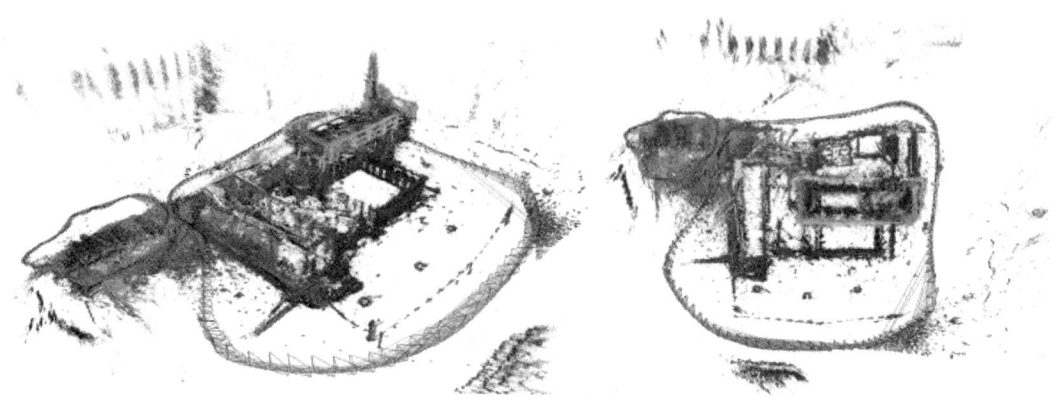

图 1-20 LSD-SLAM 实时生成的中等大小轨迹的所有关键帧的累积点云
（来自手持单目相机）

LSD-SLAM 的半稠密追踪使用了一些精妙的手段来保证追踪的实时性与稳定性。例如，LSD-SLAM 既不利用单个像素，也不利用图像块，而是在极线上等距离取 5 个点，度量其 SSD；在深度估计时，LSD-SLAM 首先用随机数初始化深度，在估计完后又把深度均值归一化，以调整尺度；在度量深度不确定性时，不仅考虑三角化的几何关系，也考虑极线与深度的夹角，归纳为一个光度不确定性项；关键帧之间的约束使用了相似变换群及与之对应的李代数 $\zeta \in sim(3)$ 显式地表示尺度，在后端优化中可以考虑不同尺度的场景，以减少尺度漂移现象的发生。

算法主要由三部分组成：图像跟踪、深度图估计和地图优化（如图 1-21 所示）。图像跟踪是连续跟踪相机获取的新图像帧，即用前一帧图像帧作为初始姿态，估算出当前参考关键帧和新图像帧的刚体变换。深度图估计使用被跟踪的图像帧，对当前关键帧进行深度更新或替换当前关键帧。深度更新基于像素小基线立体配准的滤波方式，同时耦合对深度地图的正则化。如果相机移动足够远，则初始化新的关键帧，并把现存相近的关键帧图像点投影到新建立的关键帧上。地图优化所做的是一旦关键帧被当前图像替代，它的深度信息将不会再被进一步优化，而是通过地图优化模块插入全局地图中。为了检测闭环和尺度漂移，采用尺度感知的直接图像配准方法估计当前帧与现有邻近关键帧之间的相似性变换。

如上所述，由于 LSD-SLAM 使用了直接法进行跟踪，所以它既有直接法的优点（对特征缺失区域不敏感），也"继承"了直接法的缺点。例如，LSD-SLAM 对相机内参和曝光非常敏感，并且在相机快速运动时容易丢失。另外在回环检测部分，由于目前并没有基于直接法实现的回环检测方式，因此 LSD-SLAM 必须依赖于特征点方法进行回环检测，尚未完全摆脱特征点的计算。

1.4 视觉 SLAM 方法研究现状

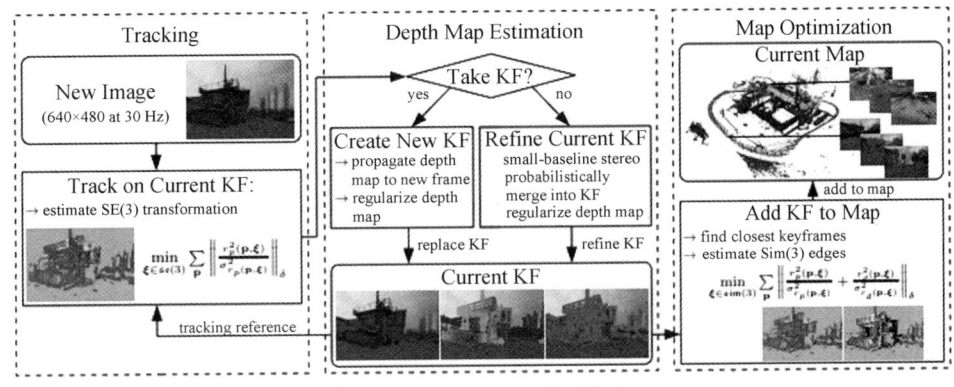

图 1-21　LSD-SLAM 算法框架图

（4）ORB-SLAM。

ORB-SLAM 是一个基于特征点法的单目 SLAM 方法。其作者选择特征的出发点是统一系统建图、跟踪及场景识别所用的特征，这里使用 ORB 特征，如第一章所述，ORB 特征是 FAST 特征检测算子与 BRIEF 描述符的结合，特点是其检测与匹配的速度很快。

整体方法使用三个并行线程：跟踪（tracking）、局部建图（local mapping）、闭环检测（loop closing）。

跟踪线程负责估计每帧相机位姿，并决定是否需要插入新的关键帧。具体做法是首先进行特征提取，再进行帧间位姿估计（跟踪失败时重定位），并跟踪局部地图，成功完成以上步骤后添加新的关键帧。地图点和关键帧的创建较为普遍，但会在后续的流程中执行剔除机制，即检测冗余关键帧、误匹配点及无法跟踪的地图点，这遏制了地图的扩张，同时也提高了跟踪的健壮性。

局部建图线程处理新的关键帧，并执行局部 BA 优化，然后对新的关键帧与其共视关键帧间再找一些新的匹配点。该系统从初始的关键帧开始建立增量生成树，由此形成可行图（covisibility graph）与基本图（essential graph）。

闭环检测线程检查每个关键帧是否产生了闭环，如果确定了闭环检测，则计算 sim3 变换（一种相似变换），使用闭环的 sim3 变换矫正当前关键帧的位姿，并传播到当前的共视帧，再进行基本图的 sim3 位姿优化，以保证全局一致性。

在执行三个并行线程前，ORB-SLAM 会自动完成地图初始化：同时计算单应矩阵和基础矩阵，使用 DLT 八点法，模型选择使用评分比值决定，选择模型完成后，单应矩阵会分解出 8 个可能的结果，基础矩阵会分解出 4 个可能的结果，最终会得到一对 $[R\,|\,t]$，由此可对场景点进行重建，重建后执行全局 BA 优化初始化这两帧的位姿和 3D 点。广义上来讲初始化过程也可看作跟踪线程的一部分。

1 充油电气设备渗漏油检测技术概述

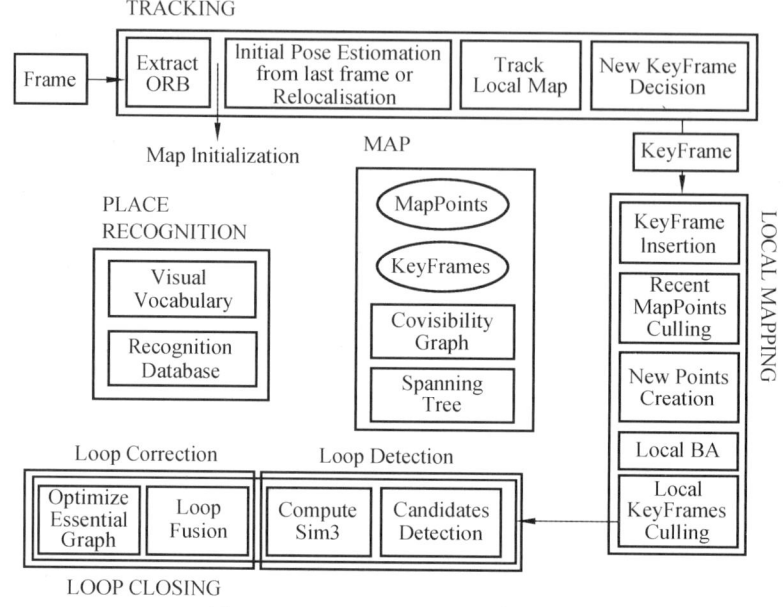

图 1-22 ORB-SLAM 系统框架图

BA 在给定初始值时可以对相机进行高精度定位估计,若需实现计算复杂度不严重的实时 SLAM,需要满足很多要求:场景特征的对应观测分布在所有帧的子集中,即关键帧中;由于复杂度随着关键帧的数量增加而增加,所以必须避免不必要的冗余;要有足够的视差和充足的闭环匹配;对关键帧位姿和 3D 点初始估值进行非线性优化;使用局部地图优化实现可扩展性;能够快速执行实时的全局闭环优化,即位姿图优化。以上这些要求都被 ORB-SLAM 考虑并通过上述流程基本实现。

ORB-SLAM 的主要贡献在于:统一使用 ORB 特征进行跟踪、建图、重定位及闭环检测;通过使用共视图,将跟踪、建图在局部共视区域中完成,独立于全局地图;基于位姿图优化的闭环检测,即所谓的 Essential Graph,来自于共视图中强连接的边和闭环;实时相机重定位功能;自动的初始化模型选择;自适应的关键帧选择,自动剔除冗余帧。如图 1-23 所示。

LOAM(Lidar Odometry and Mapping)是一种基于激光雷达的 SLAM 方法,它使用低漂移的两轴激光雷达来建图,激光的关键优势是对光线和物体纹理不敏感。如果两轴激光雷达没有其他传感器辅助,那么运动估计和畸变校正就是一个难题。一种方法是使用激光点云的强度构建图像,根据两帧数据间图像的位移估计物体移动的速度,物体是基于匀速运动模型进行计算。LOAM 作者也是使用匀速模型但特征的提取方法不同。论文提取特征的方法是在笛卡尔坐标下提取和匹配几何特征,并且对点云密度要求低。使用激光雷达获得的点云数据进行运动估计并构建遍历过环境的地图。假设预先校准好激

1.4 视觉 SLAM 方法研究现状

光雷达且雷达两轴的运动是光滑且连续的,其中第二个假设依靠 IMU(惯性测量单元)实现。

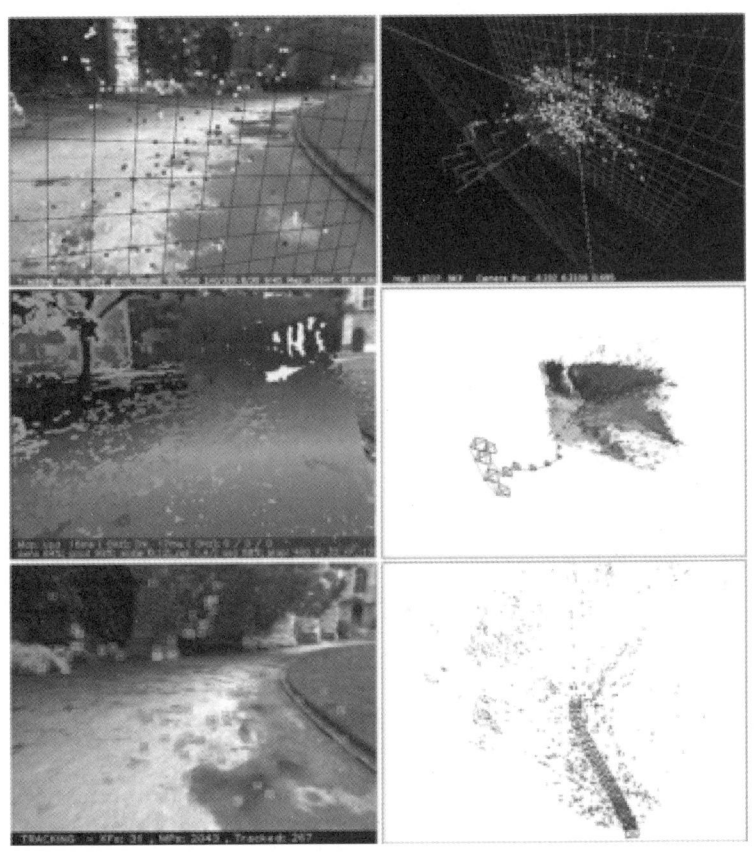

最上面一行:PTAM 算法;中间一行:LSD-SLAM 算法;最下面一行:ORB-SLAM 算法。其中,PTAM 算法和 LSD-SLAM 算法初始化了一个错误的平面地图,而 ORB-SLAM 方法自动选择在两帧图像存在足够视差的情况下,再进行基础矩阵初始化

图 1-23 基于 NewCollege 图像序列进行地图初始化

LOAM 综合利用了点云匹配和特征点提取,先进行 scan-to-scan 匹配,利用其计算量小的优点进行高频次执行,并用其计算粗的测距。然后可得测距校正后的点云数据,接下来可做一个 map-to-map 匹配,但是 map-to-map 存在计算量大的问题,因此可以让其执行的频率降低。这样的高低频率结合可保证计算量的同时又达到精度的要求。

LOAM 使用的典型硬件系统是一个单线激光雷达加上两个机械轴实现三维环境的探测。激光的分辨率为 0.25°,频率为 40 Hz。固定激光雷达的轴旋转角度为 180°,即从 $-90°\sim90°$ 之间往复摆动,如图 1-24 所示。

图 1-24 LOAM 典型硬件系统

软件使用四部分架构：首先是获得激光雷达坐标系下的点云数据 $\hat{p}$，然后把第 k 次扫描获得的点云组成一帧数据 p_k。将 p_k 在两个算法中进行处理，分别为 Liar Odometry 节点和 Lidar Mapping 节点。Liar Odometry 节点的作用是获取两帧连续点云数据间的运动，估计出来的运动用于去除 p_k 中的运动畸变。这个节点执行的频率为 10 Hz，作用相当于 scan-to-scan 匹配获得粗糙的运动估计用于去除匀速运动造成的运动畸变，并将处理后的结果传给 Lidar Mapping 节点进一步处理。Lidar Mapping 节点使用地图并以 1 Hz 的频率去匹配和注册未畸变的点云数据。最后由 Transform integration 节点接收前面两个节点输出的 Transform 信息，并将其进行融合处理，以活动频率 10 Hz 的 Transform 信息即里程计，LOAM 典型软件框图如图 1-25 所示。

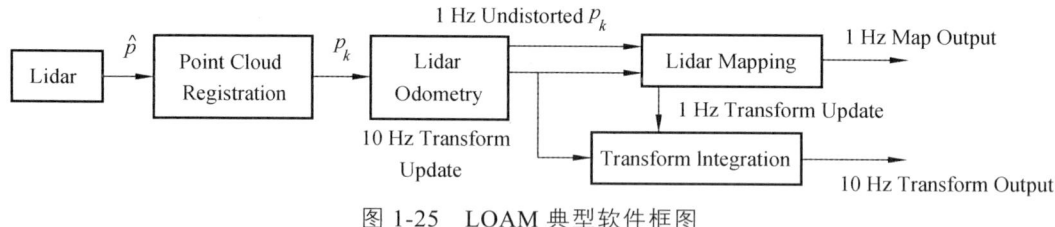

图 1-25 LOAM 典型软件框图

LeGO-SLAM 是相对于 LOAM 在轻量级和地面优化方面做了提升，其系统框图如图 1-26 所示。

其核心分为四个部分：分割，特征提取，雷达里程计和雷达建图。分割模块通过对一帧的点云重投影到图像中，进行地面分割，非地面点被分割出来；特征提取模块基于分割后的点使用与 LOAM 一样的方法提取边缘点和平面点；雷达里程计模块基于提取的特征点构建 scan-to-scan 约束关系，使用两次 LM 优化，得到姿态变换矩阵；雷达建图模块将得到的特征点进一步处理，构建 scan-to-map 约束关系，构建全局地图。

1.4 视觉 SLAM 方法研究现状

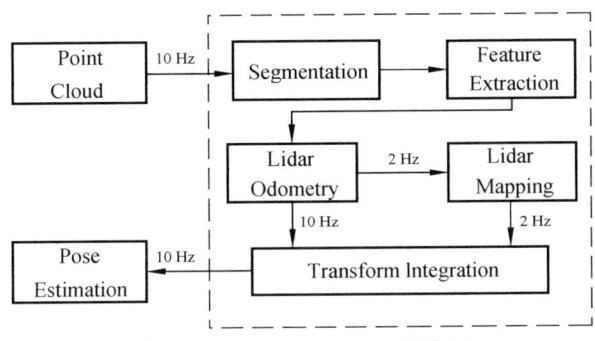

图 1-26 LeGO-SLAM 系统框图

在算法性能方面，ORB-SLAM 的表现非常突出，将其运行在 Intel Core i7-4700MQ（4核@2.40 GHz）和 8 GB RAM 的实验平台上，运算速率可达到实时，且以帧率对图像进行准确处理。如表 1-2 所示，三个线程中跟踪时间复杂度最高，帧率在 25～30 Hz 范围内，这是跟踪局部地图所需的最长时间。如果需要的话，这个时间还可以更快，只要减少局部地图中所包含的关键帧数量即可。关于精度问题，没有回环检测期间，ORB-SLAM 和 PTAM 算法的定位精度相当，但回环检测成功后，ORB-SLAM 算法将达到更高的定位精度，PTAM 和 ORB-SLAM 都非常明显地表现出精度高于 LSD-SLAM。

表 1-2 常见 V-SLAM 方法的比较

方法	运算速度	定位精度	主要优缺点
Mono-SLAM	时间复杂度是 $O(N^2)$，其中 N 是特征数量，N 限制在 100 以内可实现 30 Hz 的运算速度	运算偏差较大，不参与比较	优点：实现简单；缺点：时间复杂度较高，定位偏差也相对较大
PTAM	跟踪线程是最耗时的线程，典型的帧跟踪时间为 18 ms，相当于 55 Hz	TUM RGB-D BENCHMARK 下平均 RMSE 为 2.1 cm	优点：能在实时处理大量数据的同时进行后端优化，运算速度快；缺点：适用场景小、跟踪容易丢失
LSD-SLAM	插入每帧的典型时间不超过 40 ms，相当于不低于 25 Hz	TUM RGB-D BENCHMARK 下平均 RMSE 为 15.2 cm	优点：对特征缺失区域不敏感；缺点：对相机内参和曝光非常敏感，容易丢失
ORB-SLAM	跟踪线程时间复杂度最高，处理帧率在 25～30 Hz	TUM RGB-D BENCHMARK 下平均 RMSE 为 1.8 cm	优点：定位精度高，健壮性强；缺点：对每帧进行特征计算，比较耗时

除了上述方法之外，近年来出现的单目视觉 SLAM 方法如 ENFT-SLAM、UcoSLAM 等，所需要的运算资源都比较大，不适用于集成在便携式电力设备渗漏油成像仪设备中，本研究综合考虑以上研究，选择 ORB-SLAM 作为成像仪中渗漏油场景三维重建模块的核心方法。

1.5 多光谱同步成像方法研究现状

多光谱照相机是在普通航空照相机的基础上发展而来的。多光谱照相是指在可见光的基础上向红外光和紫外光两个方向扩展，并通过各种滤光片或分光器与多种感光胶片的组合，使其同时分别接收同一目标在不同窄光谱带上所辐射或反射的信息，即可得到几张目标的不同光谱带的照片。多光谱、超光谱成像技术是新一代光电探测技术，兴起于 20 世纪 80 年代，90 年代后形成研发热潮，至今仍在迅速发展。由于其特有的兼具成像和光谱探测的优点，已广泛应用于陆地海洋地理遥感监测，大气、土壤和水体的污染物遥感检测，医疗光谱成像诊断，军事目标侦察探测，监视等多个领域。

随着光谱传感技术、图像处理、分析软件的日益成熟，无人机多光谱软硬件一体化程度和观测精度及易用性得到极大的发展。无人机多光谱遥感已在农业、林业、资源、生态、环境保护等领域应用日益广泛。其中，多光谱遥感是指用具有两个以上波谱通道的传感器对地物进行同步成像的一种遥感技术，它将目标物体所辐射的电磁波信息分成若干波谱段，并进行接收和记录。实现多光谱遥感的传感器为多光谱相机，一次拍摄可形成多幅不同光谱的影像。

不同植被的氮素、叶绿素、蛋白质和细胞水分等含量各不相同，从而影响植被冠层群体的反射光谱，这也为采用光谱遥感方法进行植被生化组分反演提供了理论依据。LU 等利用无人机搭载 Mini MCA 多光谱相机进行了水稻氮素含量研究，BALLESTER 等利用无人机搭载 RedEdge 多光谱相机进行了整个生长季的棉花氮素时空分布研究，BERNI 等利用无人机搭载 MCA 6 多光谱相机获取橄榄树的多光谱影像，肖宇钊利用无人机模拟平台搭载多光谱相机对油菜进行低空遥感试验，PRIMICERIO 等利用无人机搭载 ADC lite 多光谱相机对葡萄园长势进行研究，ZARCO-TEJADA 等将无人机多光谱应用于检测水分胁迫引起的叶绿素荧光的变化，配合氧气吸收波段的窄带滤光片获取特征波段多光谱图像，实现了冠层大尺度叶绿素荧光的成像检测，SUREZ 等将搭载 MCA 6 相机的无人机多光谱系统应用于水分胁迫研究。FASSNACHT 等对有关树种识别方面的遥感研究进行综述，指出利用多光谱相机获取的光谱、纹理及结构信息及其组合可以用于树种的识别，DIAZVARELA 等利用无人机多光谱相机获取的光谱信息和 DSM 信息组合应用于农业梯田的识别，提出的识别方法的精度可达 90%以上。MORA 等在北极苔原上应用可见光和近红外高分辨率无人机影像进行识别研究，结果表明对苔原植被类型的识别精度可达 84%。AHMED 等应用无人机搭载 Parrot Sequoia 多光谱相机对安大略省中部试验区的植被种类进行了基于对象的分类准确度评价研究，GINI 等利用两个相机组合（RGB 和 NIR）进行基于无人机多光谱的树种识别研究，LU 等将无人机多光谱引入草地物种组成的时空变化研究，赵庆展等以玛纳斯河畔为研究区，使用固定翼无人机搭载 Micro MCA12 Snap 多光谱传感器获取高分辨率多光谱影像，提出将光谱特征、纹理特征信息与最佳波段指数结合的方法来确定地物分类最佳波段组合。LOPEZ-GRANADOS 等利用无人机搭载 MCA6 多光谱相机实现了早期的杂草识别和精确制图。TORRES-SNCHEZ 等将 TetracamMCA6 多光谱相机搭载到四轴旋翼无人机上，进行高通量的树木种植状况调查，多光谱数据应用于构建植被指数来实现图像分类，以区别土壤与植被。

  病虫害会造成巨大的生产损失，而早期诊断是降低损失的有效途径。植被受到病虫害胁迫后会导致叶片色素及冠层结构的改变，特别是叶片叶绿素含量会发生改变，因此对叶绿素含量敏感的光谱特征可用于病虫害遥感诊断中。刘良云与罗菊花等利用多时相的高光谱航空图像对冬小麦条锈病进行了监测，提取敏感波段建立病情指数，对发病区域及发病程度进行评价，这些敏感波段可以用于指导病害监测的波段选择。NEBIKER 等利用 Canon S110 NIR 相机获取 NDVI 指数，对马铃薯和洋葱栽培中的植物病害检测进行了定性研究。YANG 等利用高分辨率多光谱和高光谱航空影像数据提取了棉花根腐病的发生范围，CALDERN 等利用无人机搭载多光谱相机和热红外相机获取橄榄树图像，以诊断橄榄树黄萎病；DASH 等利用无人机搭载 RedEdge 多光谱相机进行病害爆发监测研究。LEHMANN 等利用无人机多光谱图像和基于对象的图像处理方法来监测橡树的虫害。SAMSEEMOUNG 等应用无人机多光谱系统识别油棕榈树的虫害。ZHANG 等在对虫害早期分级研究中采用了包括无人机高光谱在内的多源数据，利用高光谱数据提取植被指数。

  多光谱多相机系统通常是由 2 个或 2 个以上、相同或不同类型的多光谱相机构建的，能够获取场景图像的摄像系统，它广泛应用于飞艇、无人机、室内定轨等摄像测量领域中，主要用于解决多视场、长时间、大幅面的高速、高精度全景成像和 3D 重建等问题。多光谱多相机同步曝光是多相机系统中的关键技术之一。为实现影像数据获取，将多台多光谱相机组成模态，如果这些多光谱相机不能同时触发曝光，则多台多光谱相机的投影中心将不会重合，将会导致后期的图像处理（如影像匀色、虚拟像片的生成、空中三角测量等）的难度大大增加，特别是同步曝光时差过大会引起摄影漏洞，因此必须保证多台多光谱相机的快门同步触发；高精度的时间信息是多光谱多相机系统中另一个重要技术。如果多光谱多相机系统中仅依靠实时时钟芯片对系统进行时间信息的记录，随着系统工作时间的增加，实时时钟记录的时间偏差也会越来越大，对后期的数据处理和分析造成一定的难度。因此，如何实现多光谱多相机曝光的高精度同步，并对系统的时间

充油电气设备渗漏油检测技术概述

信息进行校正,是制约现代摄影成像技术进步的主要问题。

近年来,随着对微电子和半导体方面的深入研究,超大规模集成电路的不断应用以及数字传感器技术的迅猛发展,同步技术在记录信息、信号处理、数据存储和管理上发生了重大变化。目前,同步技术在一些领域已发展到实时处理阶段,即通过使用高分辨率 CCD 相机,利用同步技术进行自动或者半自动控制单台或多台相机同步曝光,直接获取所需物体的数码影像信息。

国外同步技术的应用较早,几乎所有的民用或军用部门均使用过低空、近景摄影同步测量技术。目前,此技术已广泛应用于城市区域规划,农业生产中的精准估计,水质检测及评估,森林火灾监测,自然灾害期间空间信息数据的实时获取以及灾情评估,等等。

1964—1984 年是数字低空、近景摄影同步测量的早期阶段,这一时期对数字低空、近景摄影测量的研究成果为后期的发展奠定了重要理论基础,包括对图像处理的算法、误差理论的研究、CCD 器件的应用、模板匹配算法与同时处理多张像片的技术等。1984—1988 年,初步进入数字低空、近景测量阶段的稳步发展期,并开始逐步开发出许多数字低空、近景摄影同步测量系统,尽管实用的技术较少,但在系统的设计、开发、标定等方面为后继的研发奠定了基础。1988—1992 年,同步测量技术进入全面发展时期,越来越多的研究者在此方向进行研究和系统开发,同时出现了许多相机曝光控制模块,但这都是基于单相机的曝光控制模块,整个模块的结构相对比较简单。从 1992—1996 年,同步测量技术的研究和系统开发不断出现新成果和新发展,进入了更加稳固的发展期,但业内更多关注的是拓展应用和市场推广,相机曝光模块仍以单相机曝光为主,如加拿大的 EOS 公司的 PhotoModeler 系统、AICON3D 公司 DPA—Pro 系统,1994 年美国 GSI 公司研制的工业数字近景摄影三坐标测量系统 V-STARS 等。1996 年后,有关同步测量技术的研究以及应用逐渐进入成熟期,逐渐开始满足外科医学、人体测量学科、人类行为动作监控等领域对图像实时性和高精度方面的要求。例如 1998 年 Mass 利用非量测数码相机畸变检测;2002 年 Fabio 在人体重建中利用摄像机和特殊控制场获取人体序列影像;2002 年 Nicola 通过使用特殊控制场、五台同步 CCD 相机和两台投影仪对人脸进行重建,借助最小二乘匹配获取高精度人脸模型等。在这个阶段,对于相机同步曝光控制模块的研究由控制单相机的曝光逐步转向控制两台或多台相机的同步曝光,并且多相机曝光控制技术逐渐走向成熟。

我国自 20 世纪 70 年代初开始进行多相机同步技术理论研究,随后经历试验开发和生产实践阶段。20 世纪末,国内开始出现关于相机曝光系统的控制模块。如 1998 年北京四维远见公司的 JX4DPW 和武汉适普公司的 VirtuoZo 两套 DPW 通过国家测绘局鉴定。从 20 世纪初期到 2010 年末期,国内有关同步测量技术进入全面的研究阶段,并逐步走向成熟。如 2004 年鲁金忠利用两台摄影机构造的特殊摄影系统对目标平行摄影进行三维重建。2008 年山东科技大学测绘学院研发的室内定轨移动摄影测量系统,2009 年由

1.5 视觉 SLAM 方法研究现状

山东省地质测绘院与山东科技大学测绘学院联合研发的自稳定双拼相机低空无人飞艇航测系统，均采用两台相机同步曝光控制模块，且自稳定双拼相机低空无人飞艇航测系统通过国家测绘局成果鉴定。以中国工程院院士刘先林、中国科学院院士陈俊勇为首的鉴定委员会认为，该项技术达到了国际先进技术水平。2010年至今，同步测量技术进入全面发展阶段，低空、近景测量逐步采用多相机同步曝光控制模块，如 2010 年山东科技大学的五拼相机室内定规测量系统，2012 年青岛秀山移动测量的车载式三维空间移动测量系统等。

2 PART TWO

充油类设备渗漏油多光谱敏感谱段的基础特性研究

2.1 渗漏油分子荧光分析原理

发光光谱指物质分子或原子吸收辐射被激发后,电子以无辐射跃迁至第一电子激发态的最低振动能级,再以辐射的方式释放这一部分能量而产生的光谱称为荧光、磷光。

根据物质接受的辐射能量的大小及辐射作用的质点不同,荧光分析法可分为以下几种:

1. X 射线荧光分析法

用 X 射线做光源,待测物质的原子受到激发后在很短时间内发射波长在 X 射线范围内的荧光。

2. 原子荧光分析法

待测元素的原子蒸汽吸收辐射激发后,在很短的时间内,部分将发生辐射跃迁至基态,这种二次辐射即为荧光,根据其波长可进行定性,根据谱线强度进行定量。荧光的波长如激发光相同,称为共振荧光。

荧光的波长比激发光波长长,称为 stokes 荧光;反之,则称为反 stokes 荧光。

3. 分子荧光分析法

部分物质的多原子分子在紫外、可见光(或红外光)照射下,也能发射波长在紫外、可见(红外)区荧光,根据其波长及强度可进行定性和定量分析,这就是通常的(分子)荧光分析法。

关于分子荧光的发射过程,首先是分子的激发态,这个状态分为单线激发态和三线激发态,如图 2-1 所示。大多数分子含有偶数电子,在基态时,这些电子成对地存在于各个原子或分子轨道中,成对自选,方向相反,电子净自旋等于 0,其多重性为 M(磁量子数),因此分子是抗(反)磁性的,其能级不受外界磁场影响而分裂,称为单线态。

2.1 渗漏油分子荧光分析原理

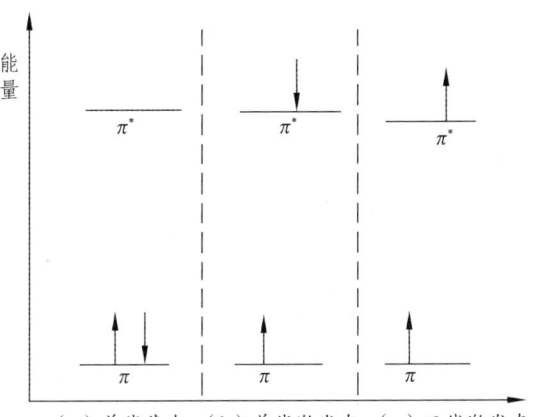

（a）单线基态　（b）单线激发态　（c）三线激发态

图 2-1　激发态

当基态分子的一个成对电子吸收光辐射后，被激发跃迁到能量较高的轨道上，通常它的自旋方向不改变，则激发态仍然是单线态；如果电子在跃迁过程中，还伴随着自旋方向的改变，这时便具有两个自选不配对的电子，电子净自旋不等于 0 而等于 1。即分子在磁场中受到影响而产生能级分裂，这种受激态称为三线激发态。三线激发态比单线激发态能量稍低，但由于电子自旋方向的改变在光谱学上一般是禁阻的，即跃迁几率非常小，只相当于单线态过程的十万分之一。

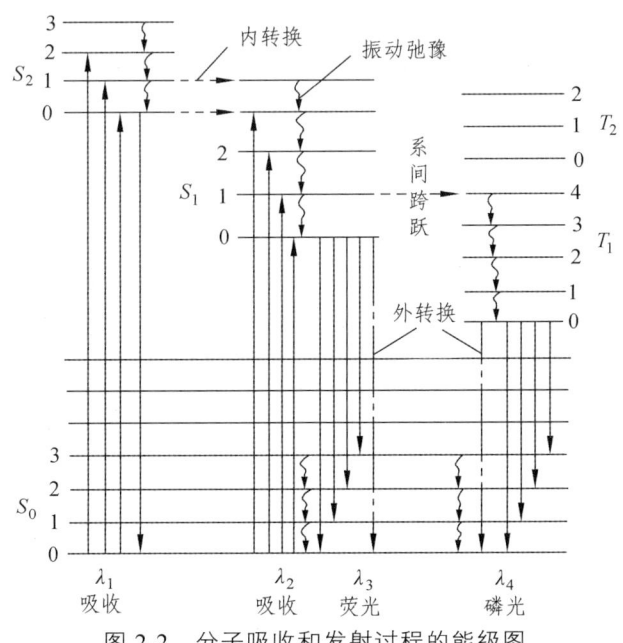

图 2-2　分子吸收和发射过程的能级图

关于分子去活化过程及荧光的发生，是一个分子的外层电子能级包括基态和各个激发态，每个电子能级又包括一系列能量非常接近的振动能级。处于激发态的分子不稳定，在较短的时间内可通过不同途径释放多余的能量（辐射或非辐射跃迁）回到基态，这个过程称为去活化过程。振动弛豫途径为处于激发态的溶质分子与溶剂分子发生分子间碰撞，把一部分能量以热的形式迅速传递给溶剂分子（环境），在很短的时间回到同一电子激发态的最低振动能级。当激发态的较低振动能级与较高振动能级的能量相当或重叠时，分子有可能从较低振动能级以无辐射方式过渡到与较高振动能级的能量相等能级上，这一无辐射过程称为内转换，该过程同样也发生在三线激发态的电子能级间。激发态分子与溶剂分子或其他溶质分子相互作用（如碰撞）而以非辐射形式转换掉能量回到基态的过程称为外转换。当电子单线激发态的最低振动能级与电子三线激发态的较高振动能级重叠时，发生电子自旋状态改变的S-T跃迁，这一过程称为系间跨越，含有高原子序数的原子分子中，由于分子轨道相互作用大，此过程最为常见。当激发态的分子通过振动弛豫-内转换-振动弛豫到达第一单线激发态的最低振动能级时，第一单线激发态最低振动能级的电子可通过发辐射（光子）跃回基态的不同振动能级，此过程称为荧光发射，如果荧光概率较高，则发射过程较快，需要10^{-8}s，它代表荧光的寿命。

由于不同电子自发态的不同振动能级相重叠时，内转换发生的速度很快，较容易发生，可在极短的时间内完成，所以通过重叠的振动能级发生内转换的几率要比由高激发态发射荧光的几率大得多，因此尽管分子激发的波长有短有长，但发射荧光的波长一般都比激发波长长。第一电子三线态激发态最低振动能级的分子以发射辐射的形式回到基态的不同能级，此过程称为磷光发射，磷光的波长比荧光的波长稍长，发生过程较慢。

由于三线态-单线态的跃迁是禁阻的，三线态寿命比较长，若没有其他过程同他竞争时，有可能发生磷光，由于三线态寿命较长，因而发生振动弛豫以及外转换的几率也较高，失去激发能的可能性较大，以至于在室温条件下很难观察到磷光现象。综上，处于激发态的分子，可以通过上述不同途径回到基态，途径的速度越快则越优先发生。如果发射荧光使受激活分子去活化过程与其他过程相比较快，则荧光发生几率高、强度大，如果发射荧光使受激分子去活化过程与其他相比较慢，则荧光很弱或不发生。

荧光量子效率是物质发射荧光的光子数与吸收激发光的光子数的比值，公式如下：

$$\Phi = \frac{发射荧光的光子数}{吸收激发光的光子数} \tag{2-1}$$

激发光谱：是将激发荧光的光源用单色器分光，连续改变激发光波长，固定荧光发射波长，测定不同波长激发光下物质溶液发射的荧光强度（F），作F-λ光谱图称为激发光谱，从激发光谱图上可找到发生荧光强度最强的激发波长，选用该波长可得到强度最大的荧光。

荧光光谱：选择上述最大激发光强波长的光作为激发光源，用另一单色器将物质发射的荧光分光，记录每一波长下的 F，作 F-λ 光谱图称为荧光光谱。一般荧光光谱荧光强度最长的波长为定量分析中所选用的最灵敏波长。

关于分子结构与荧光，具有 π、π 及 n、π 电子共轭结构的分子能够吸收紫外和可见辐射而发生 π-π* 或 n-π* 跃迁，然后在受激分子的去活化过程中发生 π*-π 或者 π-n 跃迁而发射荧光。发生 π-π* 跃迁分子，其摩尔吸光系数比 n-π* 分子跃迁分子的大一百至一千倍，它的激发单线态与三线态间的能量差别比 n-π* 大得多，电子不易形成自旋反转，体系间跨越几率很小，因此 π-π* 跃迁的分子，发生荧光的量子效率高，速率常数大，荧光强。因此，只有那些具有 π-π 共轭双键的分子才能发射较强的荧光。π 电子的共轭程度越大，荧光强度就越大，大多数含芳香环、奈环的化合物能发出荧光，且 π 电子共轭越长，荧光量子效率越大。

关于取代基对分子发射荧光的影响，苯环上取代给电子基团，使 π 共轭程度升高，荧光强度增加；苯环上取代吸电子基团，使荧光强度减弱甚至熄灭；高原子序数原子增加体系间跨越的发生，使荧光减弱甚至熄灭。

关于影响荧光强度的外界因素，激发光源一般选取激发光谱中强度最大的波长光，但对某些易感光、易分解的荧光物质，尽量采用长波长的光。大多数分子在温度升高时，分子与分子之间，分子与溶剂分子之间的碰撞频率升高，非辐射能量转移过程升高，荧光量子效率降低，因此，降低温度有利于提高荧光量子效率。在 pH 值方面，带有酸性或碱性环状取代基的芳香组化合物的荧光一般都与 pH 有关，有些化合物在离子状态时不显荧光。为此，在用荧光强度进行定量测定时，严格控制溶液 pH 值是非常重要的。当荧光波长与荧光物质或其他物质的吸收峰相重叠时，将发生自吸收使荧光物质的荧光强度下降，此现象称为内滤。物质分子吸收光能后，跃迁到基态的较高振动能级，在极短时间内返回原来的振动能级并发出与原有吸收光相同波长的光，这种光称为瑞利散射光。物质分子吸收光能后，若电子返回到比原来能级稍高的振动能级而发射的光称为拉曼散射光。瑞利散射光波长与激发光波长相同，拉曼散射光波长与激发光波长不同，而荧光物质的荧光波长与激发光波长无关，因此可以通过选择适当的激发波长将拉曼散射光与荧光分开。

荧光计、荧光分光光度计的基本组成部件：激发光源、样品池、单色器、检测器、显示系统。激发光源要比吸收法中光源强度大，汞灯提供线光谱，光源强度随波长变化大。碘钨灯提供连续光谱 300～700 nm，氙灯提供连续光谱 250～700 nm、300～400 nm 段强度相近。激光发光强度大，能极大地提高荧光分析的灵敏度。

样品池通常用石英材料制成长方体形状，散射光较少，低温荧光测定时在一个样品池外套一个液氮的透明石英真空瓶。单色器中荧光计包含两个滤光片第一个滤光片在光源与样品池之间,滤去不需要的光让需要的激发光通过;第二个滤光片在样品池与检测器之间,滤去容器表面散射光等,让待测物质发射的荧光通过,荧光分光光度计两个光栅的单色型号。检测器因荧光通常较弱,采用光电倍增管作为检测器,灵敏度高;显示系统包含光度表、计算机操作系统等。

2.2 渗漏油紫外与偏振光谱特性

充油类设备渗漏出的油是变压器油,该多光谱敏感谱段特性在本研究中主要为变压器油的紫外荧光特性与反射偏振特性。对于充油类设备渗漏油的紫外荧光基础特性研究,主要是分析变压器油的成分,进而从分子机理角度解释其荧光效应。变压器油是一种浅黄色液体,基本成分为石油的分馏物,主要包含烷烃、环烷烃、芳香烃等等,这种变压器油在紫外线照射下均可发射荧光。烃类有机物的特有结构特性满足强荧光有机物质的结构特点,除了饱和烃之外的其他有机物,其π电子相对于饱和烃稳定的σ电子更容易被激发并发射出荧光。低环数芳香烃的强度越大,荧光光谱的主波长就越长。如图2-3 所示,变压器油是浅黄色较黏稠液体,其紫外光谱特性的视觉表现是在紫外图像中变压器油区域相比无油区域更亮。

(a)变压器油

(b)漏油区域自然光图像

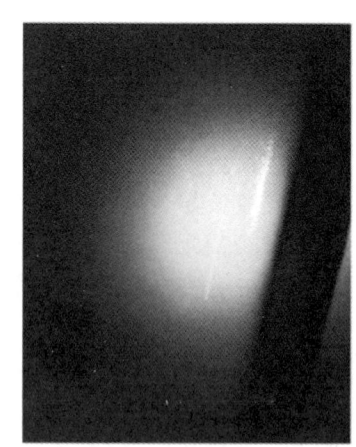
(c)漏油区域紫外荧光图像

图 2-3 图像对比

为了研究温度、杂质对充油设备渗漏油的紫外荧光光谱特性的影响,本项目使用FP6500 荧光光谱仪对 10 ℃、20 ℃、30 ℃下的多杂质、少杂质和无杂质变压器油进行了荧光光谱检测,检测的结果如图 2-4 ~ 图 2-6 所示。

2.2 渗漏油紫外与偏振光谱特性

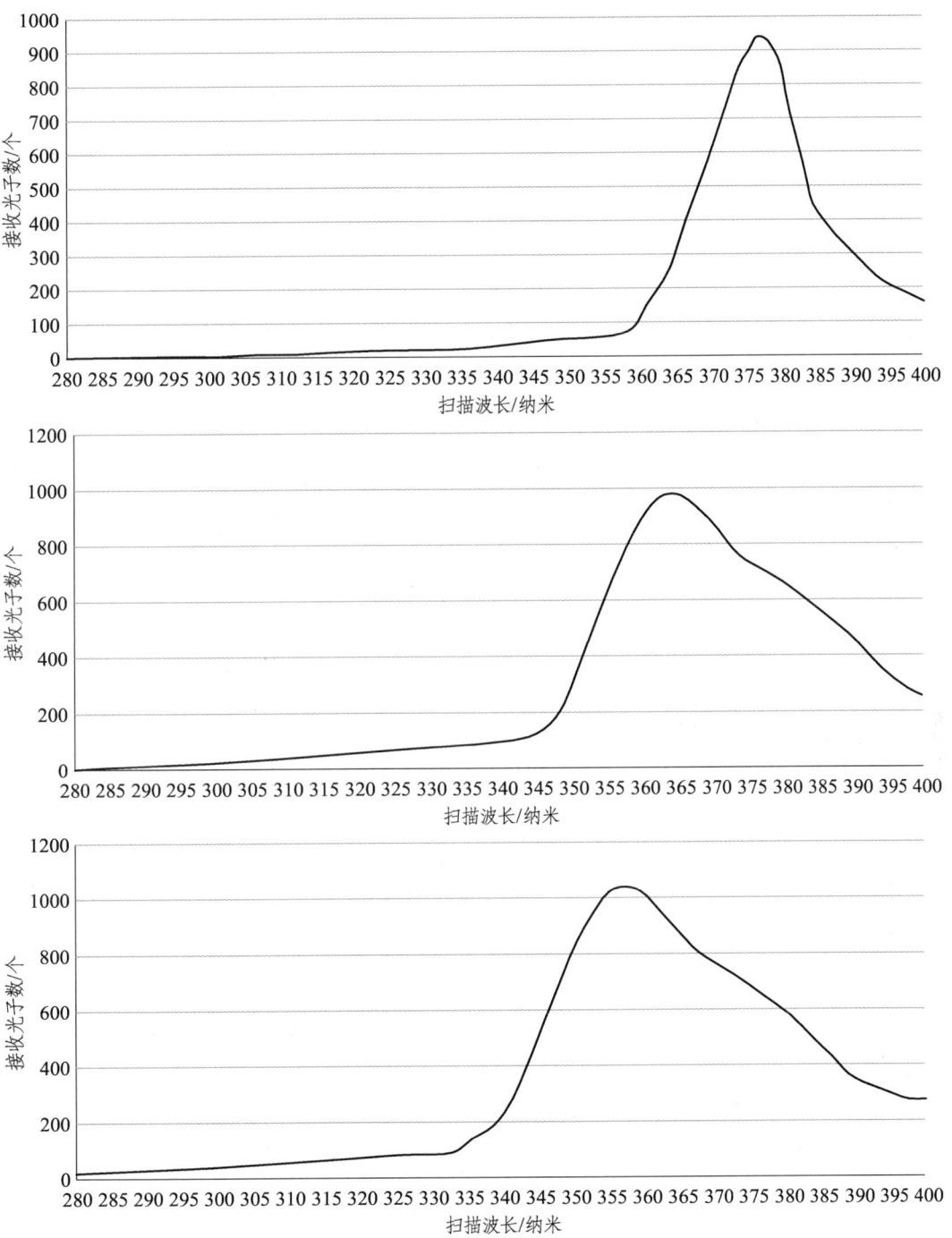

图 2-4 10 ℃下的充油设备渗漏油激发光谱

充油类设备渗漏油多光谱敏感谱段的基础特性研究

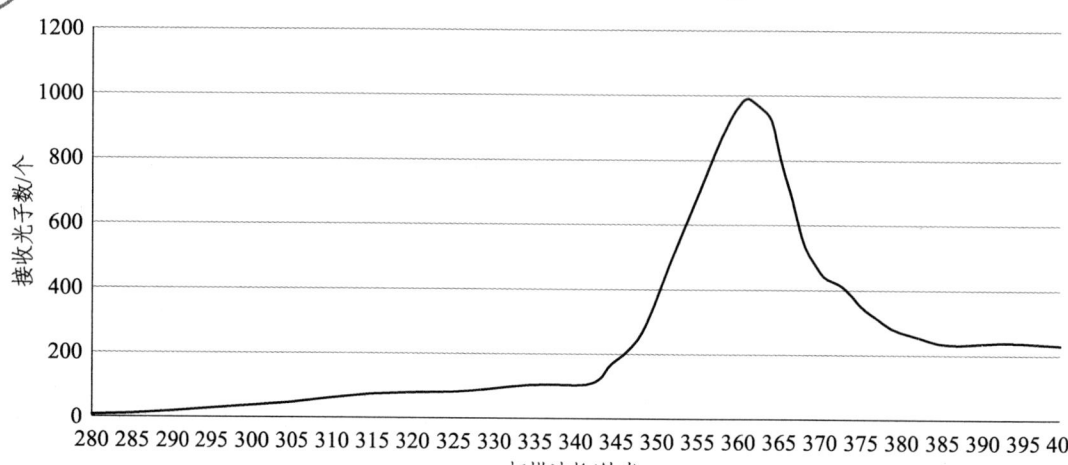

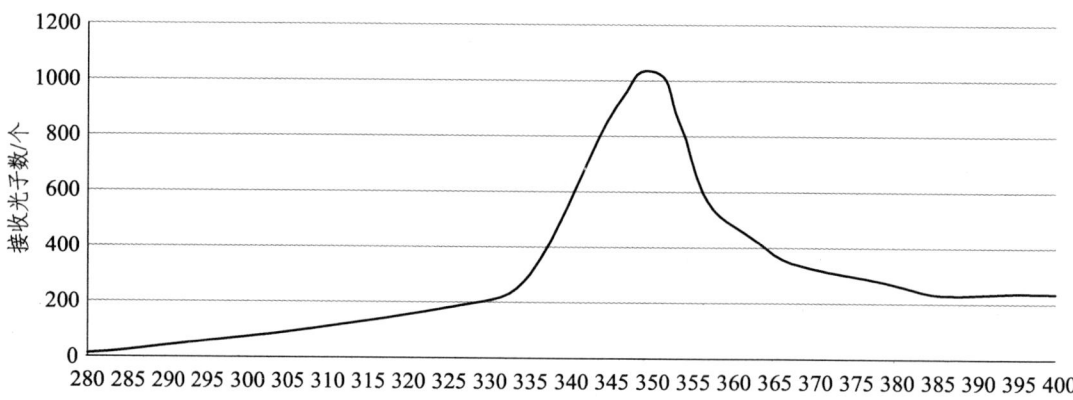

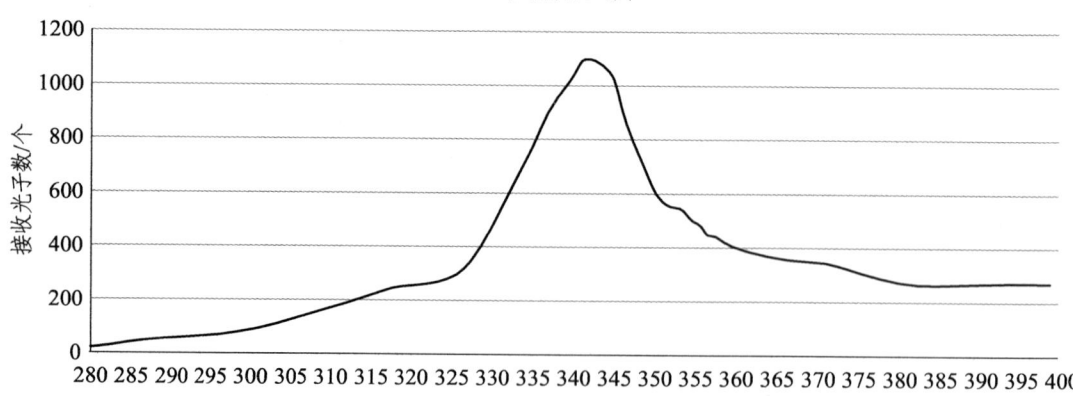

图 2-5 20 ℃下的充油设备渗漏油激发光谱

2.2 渗漏油紫外与偏振光谱特性

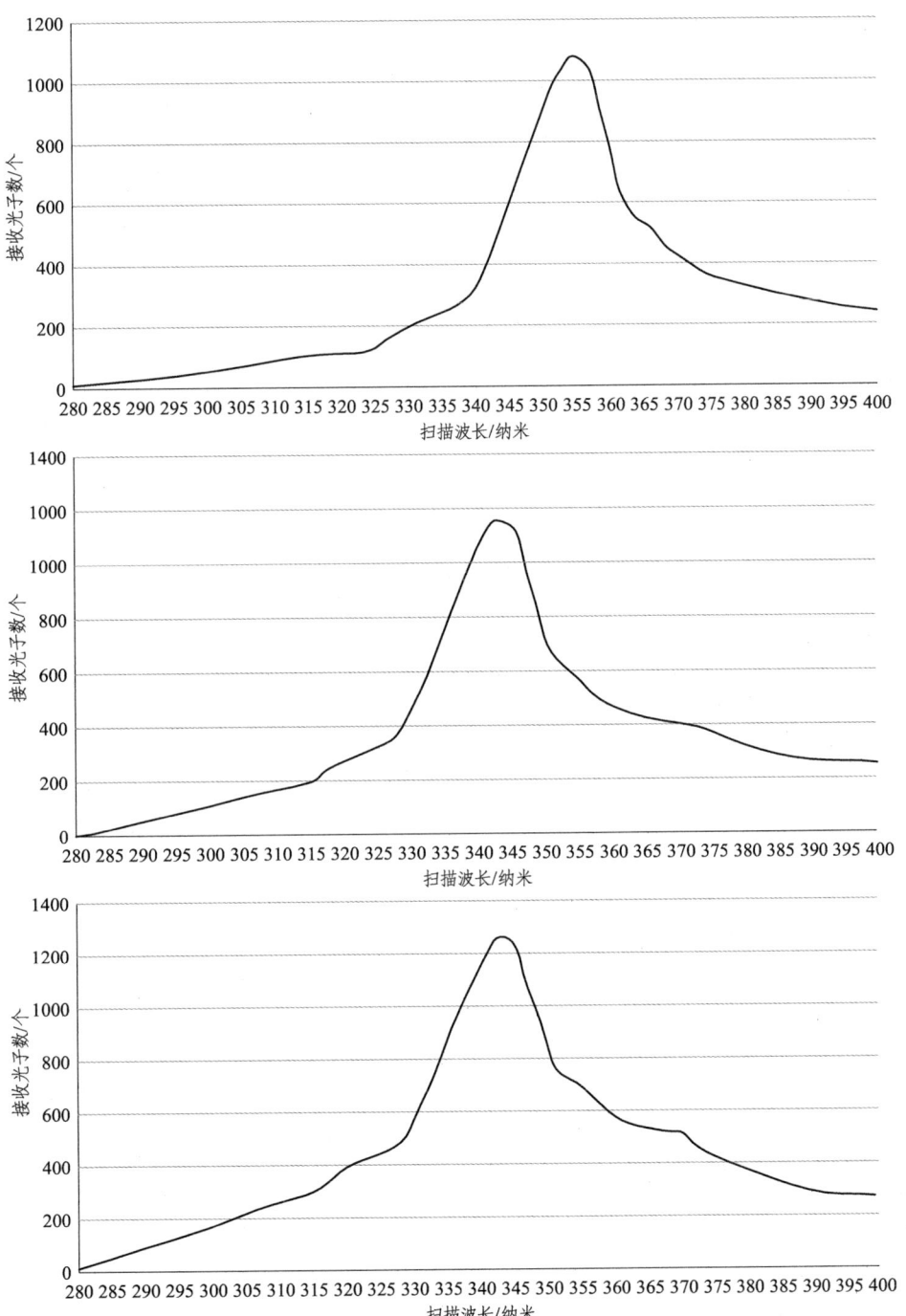

图 2-6　30 ℃下的充油设备渗漏油激发光谱

由以上结果可知，温度对充油设备渗漏油的影响为：温度越高，激发光谱的荧光强度越强。杂质对充油设备渗漏油的影响为：杂质越多，激发光谱的荧光强度越弱。

光的偏振特性是指在光的传播过程中，光波的振动方向与振幅按照一定规律变化的性质。按偏振度区分，光可以分为完全偏振光、部分偏振光和非偏振光。偏振度是指光矢量的方向与大小按一定规律变化的光在总光束强度中的占比，公式如下：

$$p = \frac{I}{I_0} \tag{2-2}$$

其中，p 表示光的偏振度，I 表示偏振部分强度，I_0 表示总光束强度。全偏振光指偏振度为 1 的光，非偏振光指偏振度为 0 的光，部分偏振光指偏振度在 0～1 之间的光。完全偏振光可分为线偏振光、圆偏振光和椭圆偏振光。在垂直光传播方向的平面上，线偏振光的振动轨迹是一条直线，圆偏振光的振动轨迹是一个正圆，椭圆偏振光的振动轨迹是一个椭圆。实际上线偏振光与圆偏振光可看作椭圆偏振光的特殊形式，即任何完全偏振光都可看作椭圆偏振光。

当一束光与物质发生相互作用，产生反射、折射或散射等现象时，光的偏振状态就会发生改变，物质的材料、复折射率、旋光性、表面粗糙度等性质不同，会使得光的偏振状态变化结果不同。电力设备的表面偏振特性很弱，因此在光源照射下，无论是粗糙目标表面漫反射产生的散射光还是光滑目标表面镜面反射的信号光，在偏振态方面都不会与光源发出的光有明显区别。电力充油设备中的变压器油是一种偏振性质很强的介质，当自然光经过变压器油反射后，接收到的反射光就包含了偏振性质的光（完全偏振光）与自然光性质的光（非偏振光）两部分。

变压器油的反射光是完全偏振光与非偏振光的叠加，即部分偏振光。对于部分偏振光来说，线偏振光通过偏振片，其光强和偏振方向与偏振片通光轴夹角余弦的平方成正比，而圆偏振光和自然光通过偏振片，其强度会变为原来的一半，所以变压器油的反射光中线偏振光是与背景自然光区分的关键部分。如图 2-7 所示，（a）为漏油变压器的可见光图像，（b）为同一个漏油变压器的线偏振图像。线偏振图像中有变压器油的区域比周围区域更亮，这种现象应用于变压器的渗漏油检测，因此需要设法将线偏振光从油反射光中分解出来。

当通过偏振片观察一束部分偏振光时，观测光强与偏振片的摆放角度有关，这个性质可以使用以下公式描述：

$$I(\theta) = I_p \cos^2(\theta - \varphi) + I_n \tag{2-3}$$

式中，$I(\theta)$ 表示观测光强度，φ 表示完全偏振光的振动长轴方向与水平方向的夹角，θ 表示偏振片通光轴方向与水平方向的夹角。I_p 表示完全偏振光的最大观测强度，I_n 表示非偏振光的强度。对于这种函数关系明确而系数未知的表达式，一般通过测量许多组样本值再使用最小二乘法拟合的方式求解。

（a）可见光图像　　　　　　（b）线偏振图像

图 2-7　漏油变压器的可见光图像与线偏振图像

对一个场景而言，可以在相机前放置偏振片，偏振片旋转到不同角度时拍摄多幅场景图像，利用每幅图像中各个像素点的像素值作为像素光强，结合最小二乘法即可分解出场景的完全偏振图像。

虽然利用最小二乘法即可分解渗漏油场景的完全偏振图像，但在实际应用中，最小二乘法计算成本过高，这成为其应用过程中的一大阻碍。检测设备在使用过程中要具备便携的特点，实际使用的是运算资源有限的嵌入式开发板作为运算单元，而相机拍摄的每幅清晰场景图像都要包含上百万像素，单纯使用最小二乘法计算整幅图像所有像素的偏振表达式需要较长的时间，无法达到实时要求。

考虑到图像的像素矩阵性质，分解一幅图像的线偏振部分可以通过矩阵计算实现。另外可以通过参数组合的方式，将原来表达式中非线性关系的参数，转化为线性方程组中的参数：

$$I(\theta) = I_p(\cos^2\varphi - \sin^2\varphi)\cos^2\theta + \frac{1}{2}I_p\sin 2\varphi\sin 2\theta + I_n + I_p\sin^2\varphi \qquad (2-4)$$

进一步将表达式表示为线性方程组的形式：

$$\begin{bmatrix} \cos^2\theta_1 & 2\cos\theta_1\sin\theta_1 & 1 \\ \cos^2\theta_2 & 2\cos\theta_2\sin\theta_2 & 1 \\ \cos^2\theta_3 & 2\cos\theta_3\sin\theta_3 & 1 \end{bmatrix} \cdot \begin{bmatrix} I_p(\cos^2\varphi - \sin^2\varphi) \\ I_p\sin\varphi\cos\varphi \\ I_n + I_p\sin^2\varphi \end{bmatrix} = \begin{bmatrix} I(\theta_1) \\ I(\theta_2) \\ I(\theta_3) \end{bmatrix} \qquad (2-5)$$

该方程组具有唯一解的条件是其系数矩阵的秩为 3，这说明至少需要通过旋转偏振片拍摄三组不同角度的场景图片，且旋转的角度两两之间不能相差π的倍数，这是因为：

$$\cos^2\theta = \cos^2(\theta+\pi) \tag{2-6}$$

$$2\cos\theta\sin\theta = 2\cos(\theta+\pi)\sin\theta(\theta+\pi) \tag{2-7}$$

在实际操作过程中，可以选择 0°、60°、120°三个角度的图像作为计算样本，因为在 π 周期内平均取三个点更能保证系数矩阵的秩不会退化。三个样本可表示为

$$\begin{cases} \theta_1 = 0° \\ \theta_2 = 60° \\ \theta_3 = 120° \end{cases} \tag{2-8}$$

可得

$$\begin{bmatrix} 1 & 0 & 1 \\ 1/4 & \sqrt{3}/2 & 1 \\ 1/4 & -\sqrt{3}/2 & 1 \end{bmatrix} \cdot \begin{bmatrix} I_p(\cos^2\varphi - \sin^2\varphi) \\ I_p\sin\varphi\cos\varphi \\ I_n + I_p\sin^2\varphi \end{bmatrix} = \begin{bmatrix} I(\theta_1) \\ I(\theta_2) \\ I(\theta_3) \end{bmatrix} \tag{2-9}$$

则该方程的解为

$$\begin{bmatrix} I_p(\cos^2\varphi - \sin^2\varphi) \\ I_p\sin\varphi\cos\varphi \\ I_n + I_p\sin^2\varphi \end{bmatrix} = \begin{bmatrix} 1 & 0 & 1 \\ 1/4 & \sqrt{3}/2 & 1 \\ 1/4 & -\sqrt{3}/2 & 1 \end{bmatrix}^T \cdot \begin{bmatrix} I(\theta_1) \\ I(\theta_2) \\ I(\theta_3) \end{bmatrix} \tag{2-10}$$

由此解得每个像素的完全偏振光，将每个像素对应的方程扩充到整幅图像，通过矩阵运算的形式可以大大简化图像的偏振分解计算。

如前所述，要能在偏振图像中检测出渗漏油区域，还需将完全偏振光分解为线偏振光与圆偏振光，本研究测得了变压器油在不同温度下的偏振光谱，如图 2-8 所示。可以看出，自然光经变压器油作用后，当观测角在 50°~130°范围内时，反射偏振光中线偏振光的比例远远大于圆偏振光。在检测渗漏油的场景下，以上观测角范围就对应普遍的观测范围，于是可以忽略变压器油反射光中的圆偏振部分，反射光的偏振光强度可以直接作为线偏振强度，同理反射光的偏振度可以直接作为线偏振度。至此便能分解出渗漏油场景的线偏振图像。温度对充油设备渗漏油的偏振特性影响为：温度越高，线偏振光强越强，对线偏振有效观测范围影响不大。

综上所述，充油类设备渗漏油的多光谱敏感谱段为偏振光正视段与紫外荧光光谱段，变压器油具有反射偏振特性与紫外荧光特性。

2.2 渗漏油紫外与偏振光谱特性

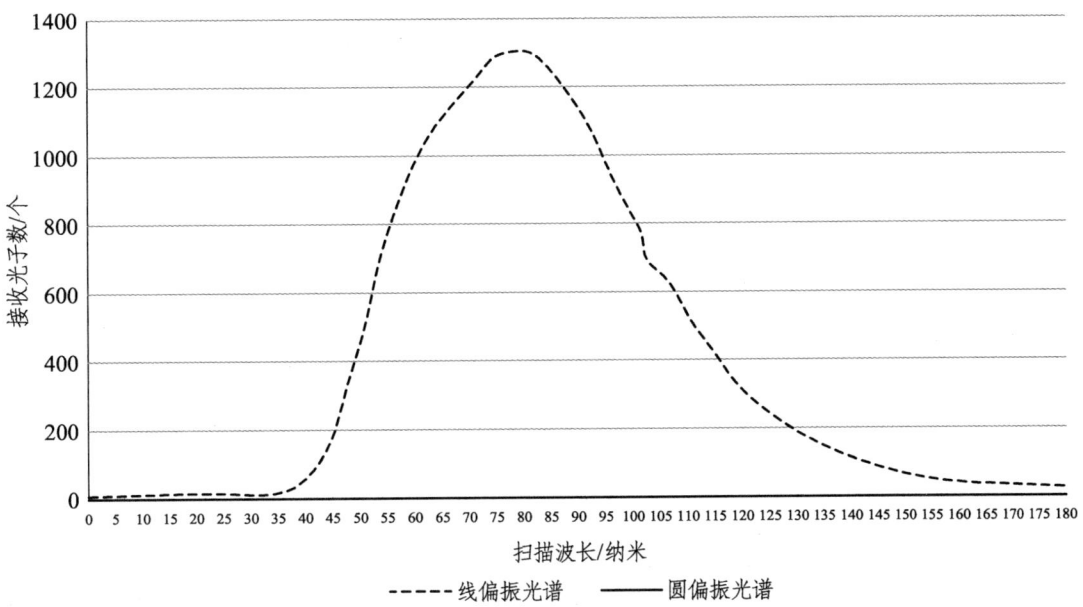

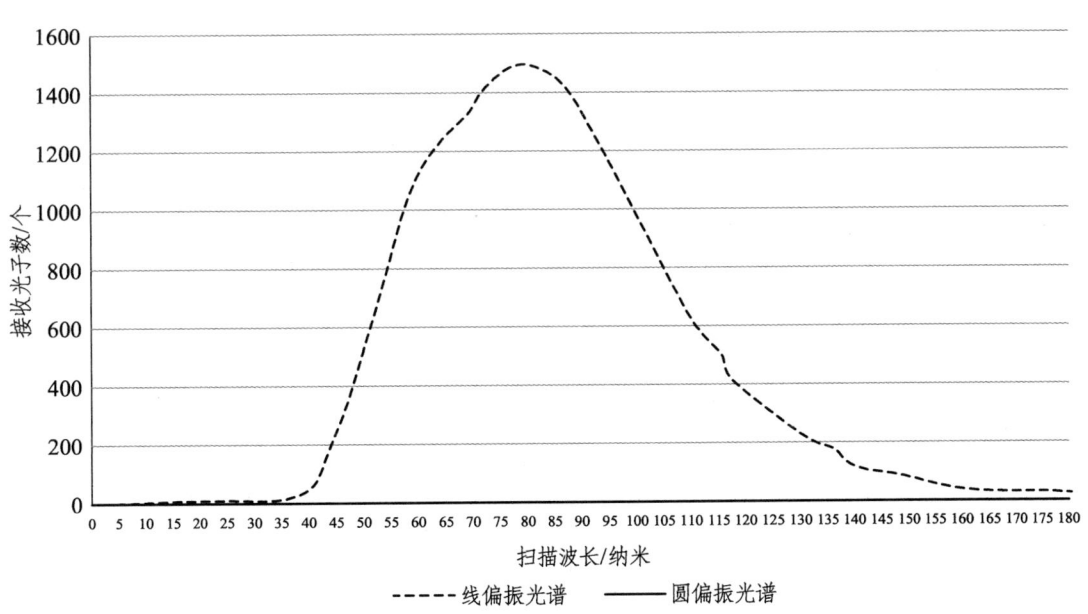

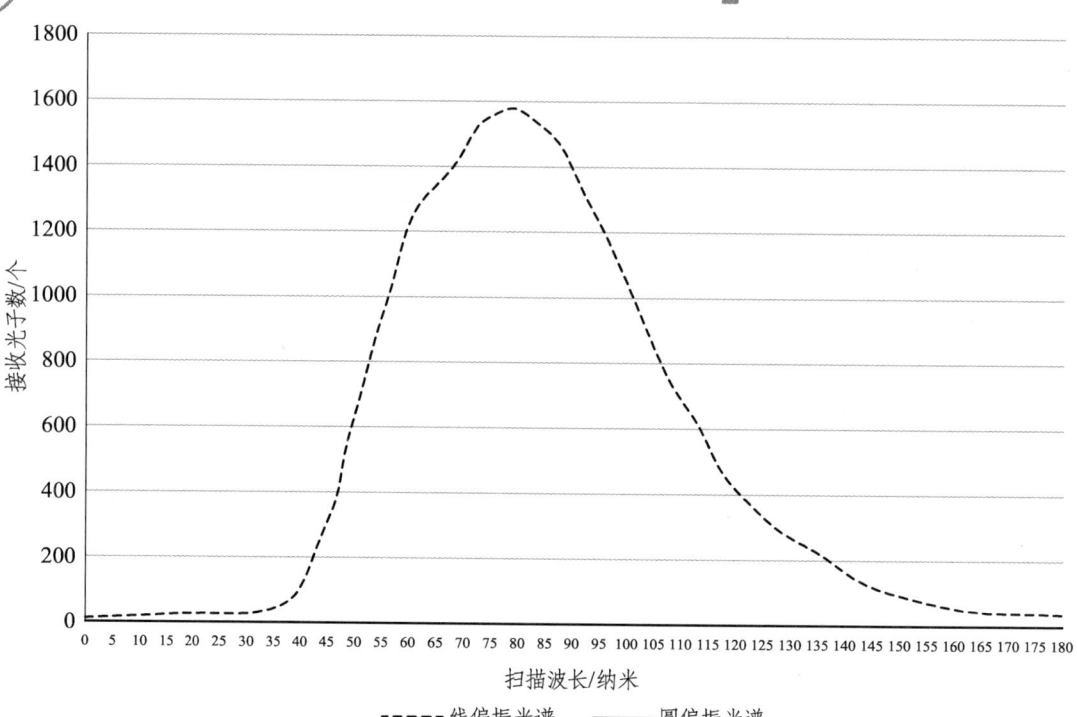

图 2-8 充油设备渗漏油偏振光谱

3 PART THREE

充油类设备渗漏油的光谱尖峰响应特征与图像融合分析方法

3.1 充油类设备渗漏油的光谱尖峰响应特征

变压器油的基本成分为石油的分馏物，主要包含一些烃类有机物，它们中的一部分包含易被激发的电子，被激发的电子释放能量时将发射紫外荧光。如图 3-1 所示，变压器油在紫外线照射下可发射荧光，（a）为变压器油的可见光图像，（b）为同一个变压器的紫外光图像。

（a）可见光图像　　　（b）紫外光图像

图 3-1　变压器油的可见光图像与紫外光图像

为了获取变压器油的紫外荧光尖峰响应特征，使用 FP-6500 荧光光谱仪测得克拉玛依 25 号变压器油的紫外荧光光谱。从荧光光谱图（如图 3-2 所示）中可明显看出变压器油的紫外荧光效应，（a）为荧光光谱仪使用 280～400 nm 的激光扫描变压器油样本，荧光接收器在不同扫描波长下接收到的光子数曲线，在 358 nm 处达到峰值，说明该样品使用 358 nm 波长的光激发时产生的荧光最强；（b）为荧光光谱仪使用 358 nm 波长激光照射变压器油样本，荧光接收器接收不同波长荧光的光子数曲线，曲线在 385 nm 处达到峰值，说明该样品产生的荧光在 385 nm 波长最强，右图曲线有 385 nm 和 396 nm 两个极大值是因为变压器油成分不单一。

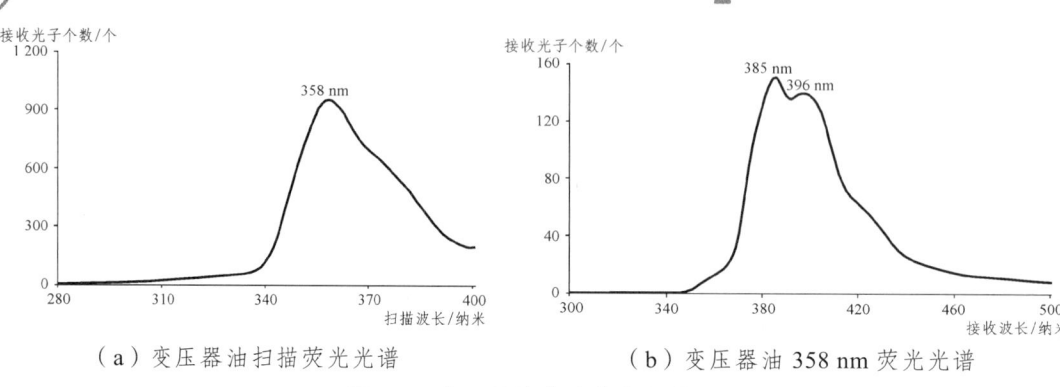

（a）变压器油扫描荧光光谱　　　　（b）变压器油 358 nm 荧光光谱

图 3-2　变压器油紫外荧光光谱图

3.2　充油类设备渗漏油图像融合分析方法

根据前述变压器油的反射偏振特性和紫外荧光特性，理论上可检测到变压器渗漏油，在实际的渗漏油检测场景下，偏振光图像和紫外光图像都存在对比度过高、图像细节丢失严重的问题，若要清楚地了解渗漏油区域在场景中的位置，将偏振或紫外检测的结果在可见光图像上突显出来是最直接有效的方式。使用偏振光图像时，偏振光图像和可见光图像使用同一个传感器进行采集，它们之间不存在因视角不同带来的视差，直接将检测结果与可见光图像进行叠加，即可呈现渗漏油区域的位置。而使用紫外光图像时，紫外光图像需通过紫外光相机采集，它和可见光相机位置不同，两者图像必然存在视差，需要使用图像融合的方法进行效果呈现，这是一个多视角、多光谱的图像融合问题。

如上所述，传统的图像融合方法应用在多视角、多光谱场景下时，存在活动水平测量与融合规则的复杂性问题，这种复杂性必须通过手动设计来解决，设计效率低且不确定性高。使使用深度学习方法可以有效解决这种复杂性问题，但现有的基于深度学习的图像融合方法都仅针对特定多视角或特定多光谱的情况，而且配准多视角多光谱图像会存在配准误差，需要设计新的深度学习融合方法尽力消除这种误差，才能融合出高质量图像。

为了准确地在可见光图像上呈现紫外图像中的渗漏油区域，本研究提出了一种面向渗漏油场景的多视角紫外-可见光图像融合方法，大大消除了渗漏油场景下紫外光图像与可见光图像的视差，输出高质量的融合图像。如图 3-3 所示，本研究所提出的图像融合方法采用基于图神经网络的深度学习方法，整体方法的网络结构包含三个部分：多尺度级联特征提取子网络、GNN 特征融合子网络和特征重构子网络。

3.2 充油类设备渗漏油图像融合分析方法

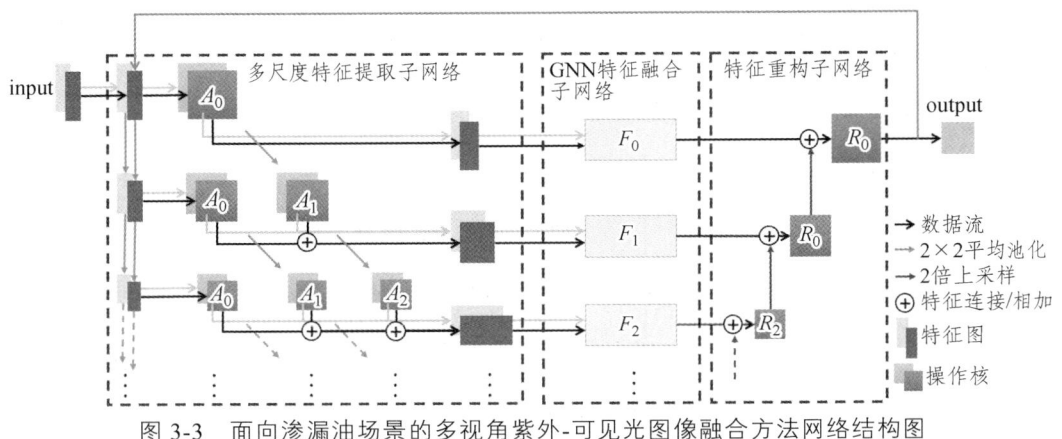

图3-3 面向渗漏油场景的多视角紫外-可见光图像融合方法网络结构图

3.2.1 多光谱异构源图的粗配准

通过传统快速的图像配准方法得到粗配准的多光谱源图，作为图卷积神经网络的输入。其主要步骤如下：

（1）将异构图像进行SIFT特征检测与提取；

（2）构建kd树数据结构并采用最近邻/次近邻算法计算匹配的特征点；

（3）RANSAC算法去除匹配外点优化特征匹配结果；

（4）根据剩余的匹配点对计算多光谱异构图像间的单应矩阵 H；

（5）通过单应变换完成图像的粗配准。

这一操作能很大程度地消除异构图像的视差，但仍然存在配准误差并引入了图像变换。下面首先描述多光谱异构源图粗配准的技术路线：

1. 相机内参数的获取

事实上多相机图像的异构融合首先需要通过相机标定方法获取相机的内参数。摄像机标定（camera calibration）是指从世界坐标系转换为相机坐标系，再由相机坐标系转换为图像坐标系的过程，即求最终的投影矩阵 P 的过程。世界坐标系（world coordinate system）：用户定义的三维世界的坐标系，为了描述目标物在真实世界里的位置被引入的坐标系。相机坐标系（camera coordinate system）：在相机上建立的坐标系，为了从相机的角度描述物体位置，作为沟通世界坐标系和图像/像素坐标系的过渡工具。图像坐标系（image coordinate system）：为了描述成像过程中物体从相机坐标系到图像坐标系的投影透射关系，方便进一步得到像素坐标系下的坐标而引入的坐标系。

摄像机采集的图像输入计算机，每幅数字图像在计算机内为 $M \times N$ 数组，M 行 N 列的图像中的每一个元素（称为像素）的数值为该图像点的亮度（或称灰度）。如图3-4所示，在图像上定义直角坐标系 u-O-v，每一像素的坐标（u，v）分别是该像素在数组中的列数和行数，因此，（u，v）是以像素为单位的图像坐标系坐标。

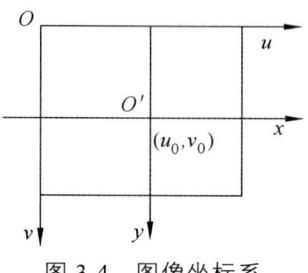

图 3-4　图像坐标系

由于（u，v）只表示像素位于数组中的列数与行数，并没有用物理单位表示出该像素在图像中的位置。因此需要再建立以物理单位（例如毫米）表示的图像坐标系。

在 x-O'-y 坐标系中，原点 O 定义在摄像机光轴与图像平面的交点，该点一般位于图像的中心处，但由于摄像机制作的原因，会存在部分偏离，若 O' 在 u-O-v 坐标系中的坐标为（u_0，v_0），每个像素在 x 轴与 y 轴方向上的物理尺寸为 dx，则图像中任意一个像素在两个坐标系下的坐标有如下关系：

$$u = \frac{x}{dx} + u_0 \tag{3-1}$$

$$v = \frac{y}{dy} + v_0 \tag{3-2}$$

用齐次坐标与矩阵形式将上式表示为

$$\begin{bmatrix} u \\ v \\ 1 \end{bmatrix} = \begin{bmatrix} \frac{1}{dx} & 0 & u_0 \\ 0 & \frac{1}{dy} & v_0 \\ 0 & 0 & 1 \end{bmatrix} \begin{bmatrix} x \\ y \\ 1 \end{bmatrix} \tag{3-3}$$

逆关系可以写成

$$\begin{bmatrix} x \\ y \\ 1 \end{bmatrix} = \begin{bmatrix} dx & 0 & -u_0 dx \\ 0 & dy & -v_0 dy \\ 0 & 0 & 1 \end{bmatrix} \begin{bmatrix} u \\ v \\ 1 \end{bmatrix} \tag{3-4}$$

摄像机成像几何关系可由图3-5说明，其中 O 点称为摄像机光心，X 轴和 Y 轴与图

像的 X 轴与 Y 轴平行，Z 轴为摄像机的光轴，它与图像平面垂直，光轴与图像平面的交点即为图像坐标系的原点，由点 O 与 X、Y、Z 轴组成的直角坐标系为摄像机坐标系，O_0 为摄像机焦距。

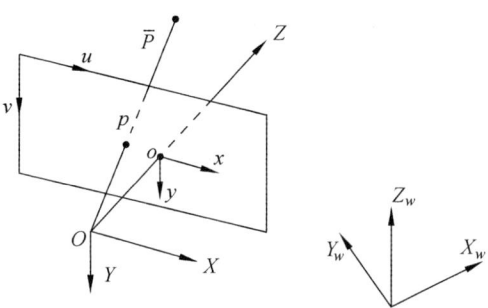

图 3-5　摄像机坐标系和世界坐标系

在环境中选择一个基准坐标系描述摄像机的位置，并用它描述环境中任何物体的位置，该坐标系称为世界坐标系，由 X_w、Y_w、Z_w 组成，摄像机坐标系和世界坐标系之间的关系可以用旋转矩阵 $\boldsymbol{R}$ 与平移向量 $\boldsymbol{t}$ 来描述，因此空间中某一点 P 在世界坐标系与摄像机坐标系下的齐次坐标如果分别是 $(X_w, Y_w, Z_w, 1)^{\mathrm{T}}$ 与 $(X_c, Y_c, Z_c, 1)^{\mathrm{T}}$ 则存在如下关系：

$$\begin{bmatrix} X_c \\ Y_c \\ Z_c \\ 1 \end{bmatrix} = \begin{bmatrix} \boldsymbol{R} & \boldsymbol{t} \\ \boldsymbol{0}^{\mathrm{T}} & 1 \end{bmatrix} \begin{bmatrix} X_w \\ Y_w \\ Z_w \\ 1 \end{bmatrix} = \boldsymbol{M}_l \begin{bmatrix} X_w \\ Y_w \\ Z_w \\ 1 \end{bmatrix} \tag{3-5}$$

其中，$\boldsymbol{R}$ 为 3×3 正交单位矩阵，$\boldsymbol{t}$ 为三维平移向量，$\boldsymbol{0} = (0,0,0)^{\mathrm{T}}$，$\boldsymbol{M}_l$ 为 4×4 矩阵。

三维计算机视觉系统从相机获取的图像信息出发，计算出物体的三维位置、形状等几何信息，并由此识别场景中的物体。图像上每一点的亮度与位置都与空间中物体表面相应点的几何位置有关，这些几何关系是由光学成像几何关系决定的。相机模型正是光学成像几何关系的简化，CCD 相机的理想成像模型为线性模型，或称针孔模型（pinhole model），大多数视觉研究内容均是在此种模型下进行的。

如图 3-6 所示，物体上的每一点都通过"针孔"成像到像平面，物点、像点及针孔三点共线，空间物体上的任一点和"针孔"的连线与像平面相交的交点为其对应的像点，而且对应是唯一的，但反过来不成立，一个像点可与连线上的任意一点对应，物点距离相机光心（即针孔位置）的深度无法确定。因此，摄影测量和计算机视觉中通常利用两幅或者两幅以上的图像来恢复物体三维几何形状信息。

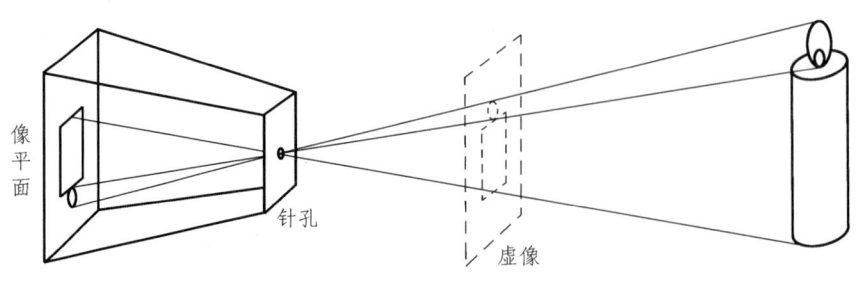
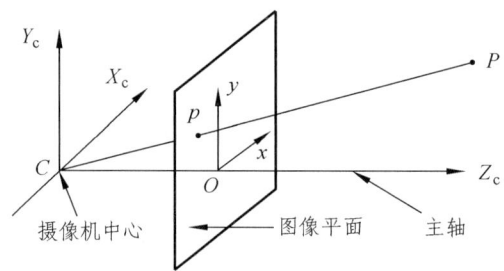
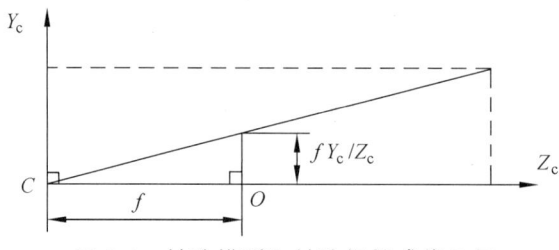

图 3-6 针孔模型和针孔相机成像几何

实验表明，线性模型在很多情况下不能准确地描述成像几何关系，尤其在使用广角镜头时，在远离图像中心处会有较大的畸变，如图 3-6 所示，像点不再是点 P 和 O 的连线与图像平面的交点，而有了一定的偏移，这种偏移实际上是镜头畸变。主要畸变类型有两类：径向畸变和切向畸变，其中径向畸变是关于相机镜头主轴对称的，是畸变的主要来源，用数学公式表示如下：

$$\begin{aligned}\hat{x} &= x + x[k_1(x^2+y^2)+k_2(x^2+y^2)^2] \\ \hat{y} &= y + y[k_1(x^2+y^2)+k_2(x^2+y^2)^2]\end{aligned} \quad (3-6)$$

其中，(x,y) 为根据线性相机模型得到的理想成像点的坐标，$(\hat{x},\hat{y})$ 为具有畸变的实际成像点的坐标，k_1、k_2 为畸变系数。一般来说，径向畸变已足够描述非线性畸变。根据 Tsai 的理论，由于在考虑非线性畸变时对相机的标定需要使用非线性优化算法，引入过多的畸变系数，非但不能提高精度，反而会导致系统的不稳定，所以通常情况下，切向畸变可以忽略。线性相机模型的参数包括 u_0、v_0、α、β、γ 和非线性畸变参数 k_1、k_2，共同构成了非线性相机模型的内部参数。

摄像机标定方法主要可分为传统标定方法、摄像机自标定方法和基于主动视觉的摄像机标定方法三大类。传统标定方法需要利用三维几何信息中已知的参照物，对参照物的要求很高，可以得到比较精确的标定结果，一般来说，传统标定方法可分为利用最优化算法的标定方法、利用相机变换矩阵的标定方法、考虑畸变补偿的两步法和双平面标定方法等。自标定方法则不需要使用任何标定物，而是通过对同一静态场景多次拍摄，利用相互的约束关系标定，精度稍差。另外，张正友提出了一种介于传统标定方法和自标定方法之间的张氏标定方法。

最优化算法综合考虑相机成像过程中的各种非线性因素，建立图像与物体间的约束关系，然后通过最优化方法对模型进行求解。这一类相机标定的方法优点是可以假设相机的光学成像模型非常复杂，包括成像过程中的各种因素，得到较高的标定精度。但是，优化算法取决于相机的初始值，如果初始值给的不恰当，则很难通过优化程序得到正确的结果。在对相机参数标定精度要求不高的场合，可以采用传统最优化算法的简化算法——直接线性定标法。直接线性定标法不考虑成像过程的非线性畸变因素，建立像点坐标和响应物点坐标的直接的线性关系。wong 提出了一种直接线性标定的实现方式，并引入了人工系数 k，这个系数是世界坐标系中坐标的函数，而不是直接使用一个常数。

一般来说，联系三维空间坐标系与二维图像坐标系的方程是摄像机内部参数和外部参数的非线性方程。如果忽略相机镜头的非线性畸变并把透视变换矩阵中的元素作为未知数，给定一组三维空间点和对应的图像点，即可利用线性方法求解透视变换矩阵中的各个元素。

严格来说，基于摄像机针孔模型的透视变换矩阵方法与直接线性变换方法没有本质的区别，而且透视变换矩阵与直接线性变换矩阵之间只相差一个比例因子。基于两者都可以计算摄像机的内部参数和外部参数。这一类定标方法的优点是由于无须利用最优化方法来求解摄像机参数，因而运算速度快，其缺点是标定过程中不考虑镜头的非线性畸变，标定精度受到影响。

上述直接线性变换法和透视矩阵变换法均忽略了非线性因素的影响，尽管有人也利用在这两个模型中加入非线性因素，但使得求解问题复杂了许多。Tsai 提出了考虑畸变因素的两步法标定方法。首先采用透视矩阵变换的方法求解线性系统的摄像机参数，再考虑畸变因素，以求得的参数为初始值，利用最优化方法提高标定精度。由于切向畸变是非线性畸变多项式中的三阶因子，考虑切向畸变需要引进更多的标定参数，会使求解过程变得相当复杂，因此 Tsai 的标定方法只考虑径向畸变而不考虑切向畸变。

普遍认为一般对于摄像机，若考虑到二阶畸变因子（即径向畸变）即可达到较好的精度要求。

Martins等人提出了双平面标定的方法。双平面模型不同于针孔模型，不要求投射到成像平面上的光线必须通过光心，在成像平面的前面插入两个标定平面，如果给定成像平面上任意一点，便能算出标定平面上的相应点，利用一组标定点，建立彼此独立的插值公式，虽然插值公式是可逆的，但其逆过程需要一个搜索算法，所以建立的模型一般用于图像到标定平面的映射过程。但是，这种方法的未知数的个数达到24个（每个平面12个），存在过度参数化的倾向，同时，图像点与标定点的变换公式需要通过经验确定。

自标定方法不同于传统的相机标定方法，正如上面提到的传统标定方法必须利用一个标准的参照物以获得标准的三维信息，而相机的自标定技术不需要已知准确的三维信息，而是试图从图像序列中得到的约束关系计算相机模型参数。这种方法使在线、实时地校准相机参数模型成为可能。在针孔模型下，相机自标定可以在三个层次上进行。在对外参数一无所知的条件下，即对空间结构不作任何假设，相机的运动也不能量化描述，这时的标定只能得到 3×4 的投影矩阵，而不能从中分解出相机的内外参数，这是射影意义下的标定。如果假设成像深度足够大，即满足平行投影条件，这时可以进行仿射意义下的标定，其结果是由无穷远点引入的同形矩阵（homography）。如果能精确得到相机运动的外参数，通过投影矩阵的分解可以得到相机的内参数。目前，自标定技术的研究主要有以下几种：利用本质矩阵和基本矩阵的相机标定方法；利用绝对二次曲线和外极线变换性质的标定方法；利用主动系统控制摄像机做特定运动的自标定方法；利用多幅图像之间的直线对应关系的摄像机标定方法。

基于主动视觉的摄像机标定方法是根据自主控制摄像机以获取的图像数据线性地求解摄像机的模型参数。这种标定方法的主要优点是：在标定过程中已知有关摄像机的运动信息（包括摄像机在平台坐标系下朝某一方向平移某一给定量、摄像机的平移运动相互正交等定量信息，以及摄像机仅作纯平移运动或仅作旋转运动等定性信息），因此一般来说，摄像机的模型参数可以线性求解，且计算简单、健壮性较高。但是该方法需要使用高精度主动视觉平台进行摄像机标定，系统的成本较高。

本技术路线是在张正友算法基础上实现的，这里概要介绍下张正友方法。张正友于1998年提出一种介于传统标定方法和自标定方法之间的平面标定法。它既避免了传统标定方法设备要求高、操作烦琐等缺点，又比自标定的精度高、健壮性好。该方法主要步骤如下：

（1）打印一张国际象棋棋盘图案，并将其贴在一块平面上作为标定板；

（2）移动标定板或者相机，从不同角度拍摄若干张照片（不少于三张）；

（3）检测出每张照片中的所有角点；

（4）在不考虑径向畸变的情况下，利用旋转矩阵的正交性，通过求解线性方程，得到相机的五个内部参数和外部参数；

（5）利用最小二乘法估算相机的径向畸变系数；

（6）利用再投影误差最小准则，对内外参数进行优化。

2. SIFT 特征提取

在完成相近参数标定之后，需要进行 SIFT 特征检测与匹配。尺度不变特征转换（Scale-Invariant Feature Transform，SIFT）是一种电脑视觉的算法，用来侦测与描述影像中的局部性特征，它在空间尺度中寻找极值点，并提取出其位置、尺度、旋转不变量，此算法由 David Lowe 在 1999 年发表，2004 年完善总结。其应用范围包含物体辨识、机器人地图感知与导航、影像缝合、3D 模型建立、手势辨识、影像追踪和动作比对。此算法有其专利，专利拥有者为英属哥伦比亚大学。

局部影像特征的描述与侦测可以帮助辨识物体，SIFT 特征是基于物体上的一些局部外观的兴趣点，与影像的大小和旋转无关。对于光线、噪声、些微视角改变的容忍度也相当高。基于这些特性，它们是高度显著且相对容易撷取，在母数庞大的特征数据库中，很容易辨识物体而且鲜有误认。使用 SIFT 特征描述对于部分物体遮蔽的侦测率也相当高，甚至只需要 3 个以上的 SIFT 物体特征足以计算出位置与方位。在现今的电脑硬件速度下和小型的特征数据库条件下，辨识速度可接近即时运算。SIFT 特征的信息量大，适合在海量数据库中快速准确匹配。

SIFT 算法的特点如下：

（1）SIFT 特征是图像的局部特征，其对旋转、尺度缩放、亮度变化保持不变性，对视角变化、仿射变换、噪声也保持一定程度的稳定性；

（2）独特性（distinctiveness）好，信息量丰富，适用于在海量特征数据库中进行快速、准确的匹配；

（3）多量性，即使少数的几个物体也可以产生大量的 SIFT 特征向量；

（4）高速性，经优化的 SIFT 匹配算法甚至可以达到实时的要求；

（5）可扩展性，可以较方便地与其他形式的特征向量进行联合。

SIFT 算法可以解决的问题包括：目标的自身状态、场景所处的环境和成像器材的成像特性等因素影响图像配准/目标识别跟踪的性能。

而 SIFT 算法在一定程度上可解决以下问题：

（1）目标的旋转、缩放、平移（RST）；

（2）图像仿射/投影变换（视点 viewpoint）；

（3）光照影响（illumination）；

（4）目标遮挡（occlusion）；

（5）杂物场景（clutter）；
（6）噪声。

SIFT 算法的实质是在不同的尺度空间上查找关键点（特征点），并计算出关键点的方向。SIFT 所查找到的关键点是一些十分突出、不会因光照、仿射变换和噪音等因素而变化的点，如角点、边缘点、暗区的亮点及亮区的暗点等。

Lowe 将 SIFT 算法分解为如下四步：

（1）尺度空间极值检测：搜索所有尺度上的图像位置。通过高斯微分函数识别潜在的对于尺度和旋转不变的兴趣点。

（2）关键点定位：在每个候选的位置上，通过一个拟合精细的模型确定位置和尺度。关键点的选择依赖于它们的稳定程度。

（3）方向确定：基于图像局部的梯度方向，分配给每个关键点位置一个或多个方向。所有后面的对图像数据的操作都相对于关键点的方向、尺度和位置进行变换，从而保证对于这些变换的不变性。

（4）关键点描述：在每个关键点周围的邻域内，在选定的尺度上测量图像局部的梯度。这些梯度变换成一种表示，这种表示允许比较大的局部形状的变形和光照变化。

SIFT 算法是在不同的尺度空间上查找关键点，而尺度空间的获取需要使用高斯模糊，Lindeberg 等人已证明高斯卷积核是实现尺度变换的唯一变换核，且是唯一的线性核。高斯模糊是一种图像滤波器，它使用正态分布（高斯函数）计算模糊模板，并使用该模板与原图像做卷积运算，以达到模糊图像的目的。

N 维空间正态分布方程为

$$G(r) = \frac{1}{\sqrt{2\pi\sigma^2}^N} e^{-r^3/(2\sigma^2)} \qquad (3-7)$$

其中，σ 是正态分布的标准差，σ 值越大，图像越模糊（平滑）；r 为模糊半径，模糊半径是指模板元素到模板中心的距离。如二维模板大小为 $m \times n$，则模板上的元素 (x, y) 对应的高斯计算公式为

$$G(x, y) = \frac{1}{2\pi\sigma^2} e^{-\frac{(x-m/2)^2 + (y-n/2)^2}{2\sigma^2}} \qquad (3-8)$$

在二维空间中，这个公式生成的曲面的等高线是从中心开始呈正态分布的同心圆，如图 3-7 所示。分布不为零的像素组成的卷积矩阵与原始图像进行变换。每个像素的值都是周围相邻像素值的加权平均。原始像素的值有最大的高斯分布值，所以有最大的权重，相邻像素随着距离原始像素越来越远，其权重也越来越小。这样进行模糊处理比其他的均衡模糊滤波器更高地保留了边缘效果。

3.2 充油类设备渗漏油图像融合分析方法

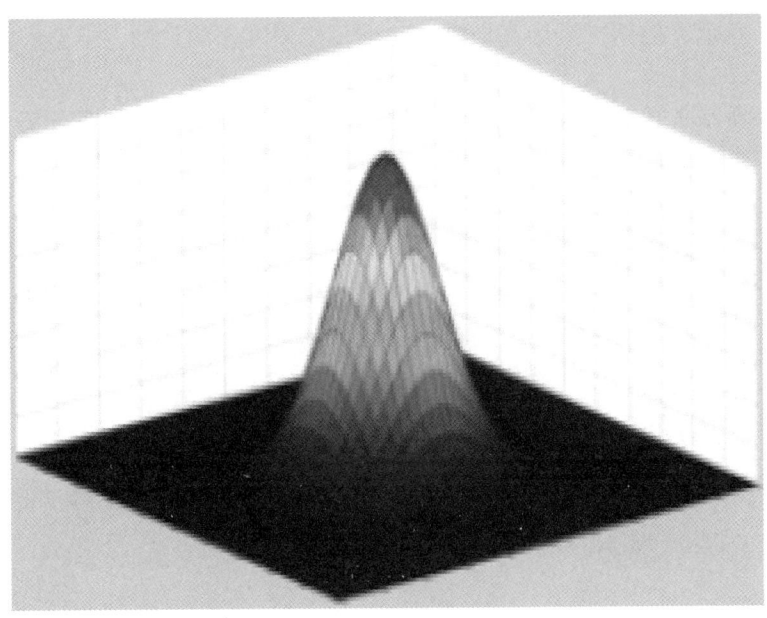

图 3-7 二维高斯曲面

理论上来讲,图像中每点的分布都不为零,即每个像素的计算都需要包含整幅图像。在实际计算高斯函数的离散近似时,在大概 3σ 距离之外的像素都可看作不起作用,这些像素的计算即可忽略。通常,图像处理程序只需要计算 ($6\sigma+1$) × ($6\sigma+1$) 的矩阵就可以保证相关像素影响。如图 3-8 所示是 5×5 的高斯模板卷积计算示意图。高斯模板是中心对称的。

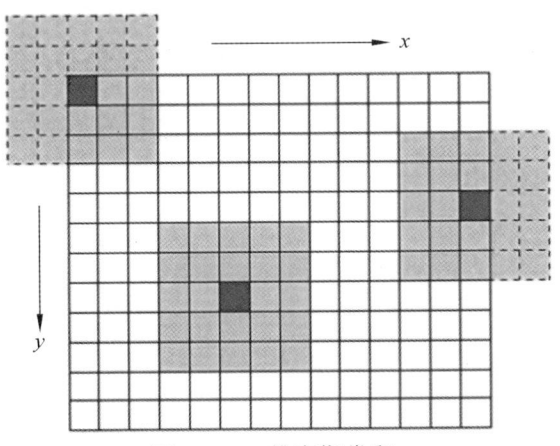

图 3-8 二维高斯卷积

如图 3-9 所示，使用二维的高斯模板达到了模糊图像的目的，但会因模板矩阵的关系而造成边缘图像缺失，σ 越大，缺失像素越多，丢弃模板会造成黑边。当 σ 变大时，高斯模板（高斯核）和卷积运算量将大幅度提高。根据高斯函数的可分离性，可对二维高斯模糊函数进行改进。

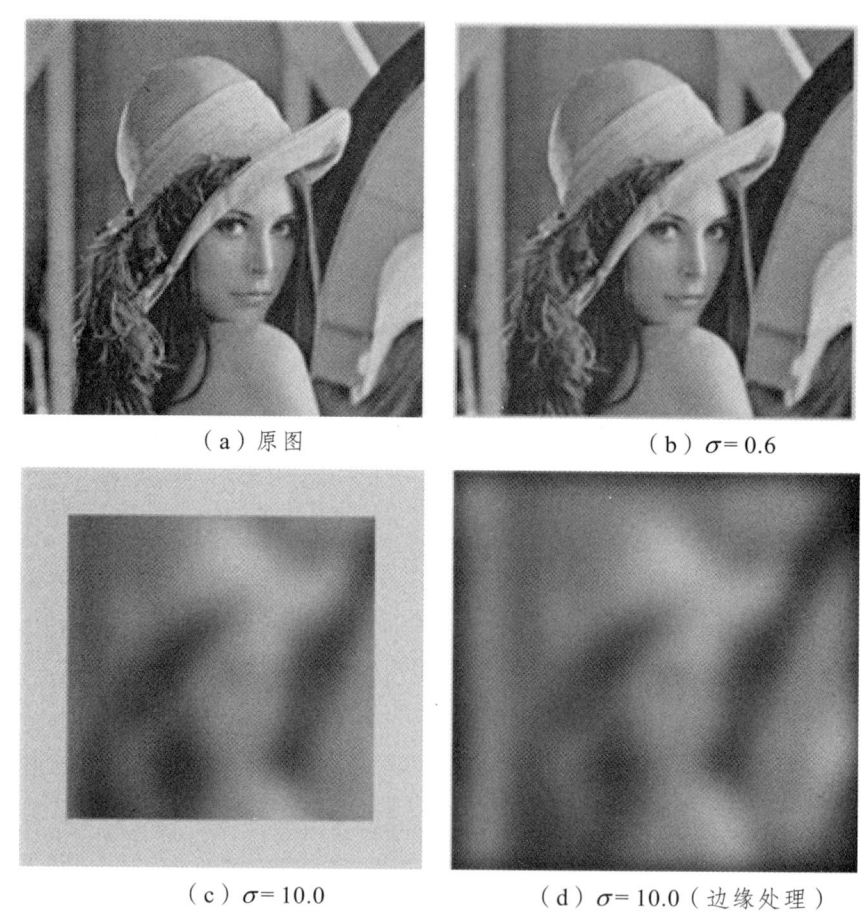

（a）原图　　　　　　　　（b）$\sigma = 0.6$

（c）$\sigma = 10.0$　　　　　　（d）$\sigma = 10.0$（边缘处理）

图 3-9　二维高斯模糊效果图

高斯函数的可分离性是指使用二维矩阵变换得到的效果也可通过在水平方向进行一维高斯矩阵变换加上竖直方向的一维高斯矩阵变换得到。

从计算的角度来看，这是一项有用的特性，因此，只需计算 $O(n \times M \times M) + O(m \times M \times N)$ 次，而二维不可分的矩阵则需要计算 $O(m \times M \times N)$ 次，其中，m、n 为高斯矩阵的维数，M、N 为二维图像的维数。另外，两次一维的高斯卷积将消除二维高斯矩阵所产生的边缘。（关于消除边缘的论述如图 3-10 所示，对于使用模板矩阵而超出边界的部分虚线框,将不做卷积计算。x方向的第一个模板1×5,将退化成1×3的模板,只在图像之内的部分做卷积。)

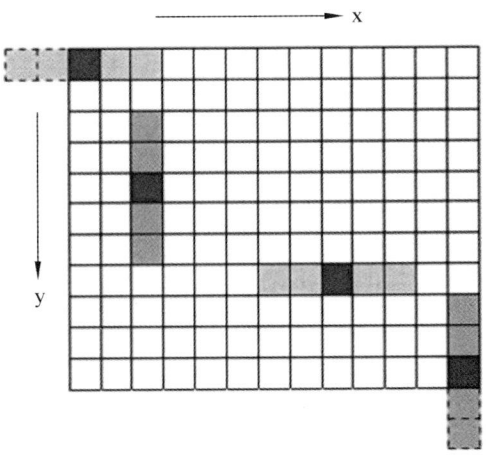

图 3-10　分离高斯卷积

尺度空间使用高斯金字塔表示。Tony Lindeberg 指出尺度规范化的 LoG(Laplacion of Gaussian)算子具有真正的尺度不变性,Lowe 使用高斯差分金字塔近似 LoG 算子,在尺度空间检测稳定的关键点。

尺度空间(scale space)思想最早由 Iijima 于 1962 年提出,后经 witkin 和 Koenderink 等人的推广逐渐得到关注,在计算机视觉领域应用广泛。

尺度空间理论的基本思想是:在图像信息处理模型中引入一个被视为尺度的参数,通过连续变化尺度参数获得多尺度下的尺度空间表示序列,对这些序列进行尺度空间主轮廓的提取,并以该主轮廓作为一种特征向量,实现边缘、角点检测和不同分辨率上的特征提取等。

尺度空间方法将传统的单尺度图像信息处理技术纳入尺度不断变化的动态分析框架中,更容易获取图像的本质特征。尺度空间中各尺度图像的模糊程度逐渐变大,能够模拟人在距离目标由近到远时,目标在视网膜上的形成过程。

尺度空间满足视觉不变性。该不变性的视觉解释如下:当我们用眼睛观察物体时,一方面当物体所处背景的光照条件变化时,视网膜感知图像的亮度水平和对比度是不同的,因此要求尺度空间算子对图像的分析不受图像的灰度水平和对比度变化的影响,即满足灰度不变性和对比度不变性。另一方面,相对于某一固定坐标系,当观察者和物体之间的相对位置变化时,视网膜所感知的图像位置、大小、角度和形状是不同的,因此要求尺度空间算子与图像的分析和图像的位置、大小、角度以及仿射变换无关,即满足平移不变性、尺度不变性、欧几里得不变性以及仿射不变性。

尺度空间在实现时使用高斯金字塔（如图 3-11 所示）表示，高斯金字塔的构建分为以下两部分：

（1）对图像做不同尺度的高斯模糊；

（2）对图像做降采样（隔点采样）。

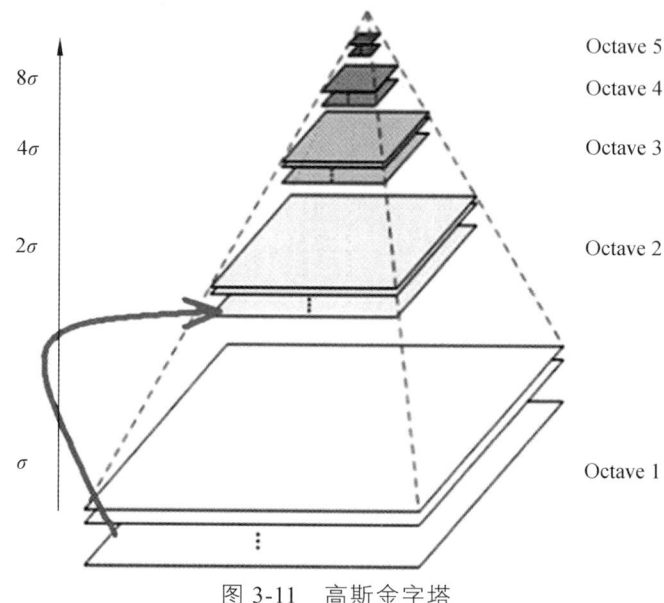

图 3-11　高斯金字塔

图像的金字塔模型是指：将原始图像不断降阶采样，得到一系列大小不一的图像，由大到小，从下到上构成的塔状模型。原图像为金字塔的第一层，每次降采样所得到的新图像为金字塔的一层（每层一张图像），每个金字塔共 n 层。金字塔的层数由图像的原始大小和塔顶图像的大小共同决定，其计算公式如下：

$$n = \log_2\{\min(M,N)\} - t, t \in [0, \log_2\{\min(M,N)\}] \quad (3\text{-}9)$$

其中，M，N 为原图像的大小，t 为塔顶图像的最小维数的对数值，如对于大小为 512×512 的图像，当塔顶图像为 4×4 时，$n = 7$，当塔顶图像为 2×2 时，$n = 8$。

为了体现尺度的连续性，高斯金字塔在简单降采样的基础上加上高斯滤波。如图 3.12 所示，将图像金字塔每层的一张图像使用不同参数进行高斯模糊，使得金字塔的每层含有多张高斯模糊图像，将金字塔每层多张图像合为一组（octave），金字塔每层只有一组图像，组数和金字塔层数相等，使用公式（3-3）计算，每组含有多张（也叫层 Interval）图像。在降采样时，高斯金字塔每一组图像的初始图像（底层图像）是由前一组图像的倒数第三张图像隔点采样得到的。

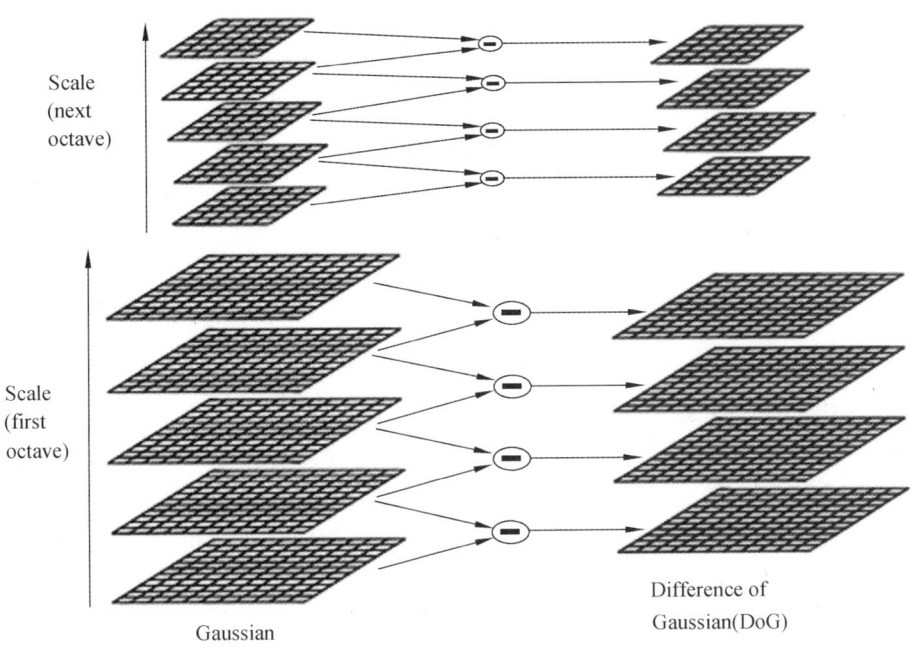

图 3-12 高斯差分金字塔的生成

2002 年 Mikolajczyk 在详细的实验比较中发现尺度归一化的高斯拉普拉斯函数的极大值和极小值同其他的特征提取函数，例如：梯度，Hessian 或 Harris 角特征比较，能够产生最稳定的图像特征。

而 Lindeberg 早在 1994 年就发现高斯差分函数（Difference of Gaussian，简称 DoG 算子）与尺度归一化的高斯拉普拉斯函数非常近似。在实际计算时，使用高斯金字塔每组中相邻上下两层图像相减，可得到高斯差分图像，如图 3-12 所示，进行极值检测。

关键点是由 DoG 空间的局部极值点组成，关键点的初步探查是通过同一组内各 DoG 相邻两层图像之间比较完成的。为了寻找 DoG 函数的极值点，每一个像素点要和它所有的相邻点比较，看其是否比它的图像域和尺度域的相邻点大或者小。

如图 3-13 所示，中间的检测点和它同尺度的 8 个相邻点和上下相邻尺度对应的 9×2 个点，共 26 个点比较，以确保在尺度空间和二维图像空间均检测到极值点。

由于要在相邻尺度进行比较，如图 3.12 右侧每组含 4 层的高斯差分金字塔，只能在中间两层中进行两个尺度的极值点检测，其他尺度则只能在不同组中进行。为了在每组中检测 S 个尺度的极值点，则 DoG 金字塔每组需 $(S+2)$ 层图像，而 DoG 金字塔由高斯金字塔相邻两层相减得到，则高斯金字塔每组需 $(S+3)$ 层图像，实际计算时 S 在 3~5 之间。

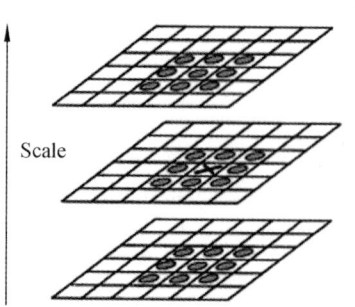

图 3-13 DOG 空间极值检测

当然这样产生的极值点并不全是稳定的特征点,因为某些极值点响应较弱,而且 DoG 算子会产生较强的边缘响应。

以上方法检测到的极值点是离散空间的极值点。以下通过拟合三维二次函数来精确确定关键点的位置和尺度,同时去除低对比度的关键点和不稳定的边缘响应点(因为 DoG 算子会产生较强的边缘响应),以增强匹配稳定性和提高抗噪声能力。离散空间的极值点并不是真正的极值点,如图 3-14 所示显示了二维函数离散空间得到的极值点与连续空间极值点的差别。利用已知的离散空间点插值得到的连续空间极值点的方法叫作子像素插值(sub-pixel interpolation)。

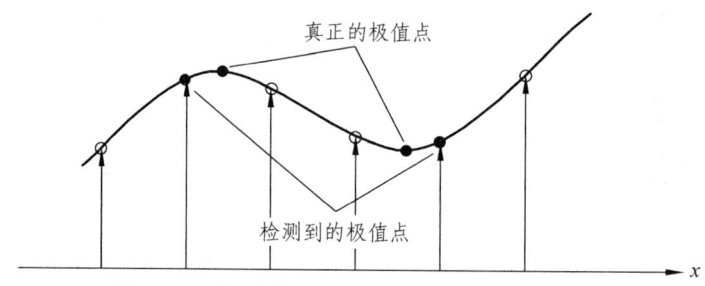

图 3-14 离散空间与连续空间极值点的差别

为了提高关键点的稳定性,需要对尺度空间 DoG 函数进行曲线拟合。利用 DoG 函数在尺度空间的 Taylor 展开式(拟合函数)为

$$D(X) = D + \frac{\partial D^\mathrm{T}}{\partial X} X + \frac{1}{2} X^\mathrm{T} \frac{\partial^2 D}{\partial X^2} X \tag{3-10}$$

$$X = (x, y, \sigma)^\mathrm{T} \tag{3-11}$$

求导并让方程等于零,可以得到极值点的偏移量为

$$\hat{X} = -\frac{\partial^2 D^{-1}}{\partial X^2} \frac{\partial D}{\partial X} \tag{3-12}$$

对应极值点，方程的值为：

$$D(\hat{X}) = D + \frac{1}{2}\frac{\partial D^{\mathrm{T}}}{\partial X}\hat{X} \tag{3-13}$$

$$\hat{X} = (x, y, \sigma)^{\mathrm{T}} \tag{3-14}$$

上式代表相对插值中心的偏移量，当它在任一维度上的偏移量大于 0.5 时，意味着插值中心已经偏移到它的邻近点上，所以必须改变当前关键点的位置，同时在新的位置上反复插值直到收敛，也有可能超出所设定的迭代次数或者超出图像边界的范围，此时这样的点应删除。Rob Hess 等人实现时使用 0.04/S 的极值点删除。同时，在此过程中获取特征点的精确位置（原位置加上拟合的偏移量）以及尺度。

一个无法定义的高斯差分算子的极值在横跨边缘的地方有较大的主曲率，而在垂直边缘的方向有较小的主曲率。

DoG 算子会产生较强的边缘响应，需要剔除不稳定的边缘响应点。获取特征点处的 Hessian 矩阵，主曲率通过一个 2×2 的 Hessian 矩阵 H 求出：

$$H = \begin{bmatrix} D_{xx} & D_{xy} \\ D_{xy} & D_{yy} \end{bmatrix} \tag{3-15}$$

H 的特征值 α 和 β 代表 x 和 y 方向的梯度：

$$Tr(H) = D_{xx} + D_{yy} = \alpha + \beta \tag{3-16}$$

$$Det(H) = D_{xx}D_{yy} - (D_{xy})^2 = \alpha\beta \tag{3-17}$$

上式表示矩阵 H 对角线元素之和，表示矩阵 H 的行列式。假设是 α 较大的特征值，而是 β 较小的特征值，令 $\alpha = r\beta$，则：

$$\frac{Tr(H)^2}{Det(H)} = \frac{(\alpha+\beta)^2}{\alpha\beta} = \frac{(r\beta+\beta)^2}{r\beta^2} = \frac{(r+1)^2}{r} \tag{3-18}$$

导数由采样点相邻差估计得到。D 的主曲率和 H 的特征值成正比，令为 α 最大特征值，β 为最小的特征值，则公式的值在两个特征值相等时最小，值越大，说明两个特征值的比值越大，即在某一个方向的梯度值越大，而在另一个方向的梯度值越小，而边缘恰恰就是这种情况。所以为了剔除边缘响应点，需要让该比值小于一定的阈值，因此，为了检测主曲率是否在某域值 r 下，只需检测：

$$\frac{Tr(H)^2}{Det(H)} < \frac{(r+1)^2}{r} \tag{3-19}$$

上式成立时将关键点保留，反之剔除。

有限差分法以变量离散取值后对应的函数值来近似微分方程中独立变量的连续取值。在有限差分方法中，放弃了微分方程中独立变量可以取连续值的特征，而关注独立变量离散取值后对应的函数值。但是从原则上说，这种方法仍然可以达到任意满意的计算精度。因为方程的连续数值解可以通过减小独立变量离散取值的间格，或通过离散点上的函数值插值计算近似得到。这种方法随着计算机的诞生和应用而发展起来的。其计算格式和程序的设计都比较直观和简单，因而，它在计算数学中使用广泛。

有限差分法的具体操作分为以下两个部分：

（1）用差分代替微分方程中的微分，将连续变化的变量离散化，从而得到差分方程组的数学形式；

（2）求解差分方程组。

为了使描述符具有旋转不变性，需要利用图像的局部特征为每一个关键点分配一个基准方向。使用图像梯度的方法求取局部结构的稳定方向。对于在 DoG 金字塔中检测出的关键点，采集其所在高斯金字塔图像 3σ 邻域窗口内像素的梯度和方向分布特征。梯度的模值和方向如下：

$$m(x,y) = \sqrt{[L(x+1,y)-L(x-1,y)]^2 + [L(x,y+1)-L(x,y-1)]^2} \quad (3\text{-}20)$$

$$\theta(x,y) = \arctan[(L(x,y+1)-L(x,y-1))/[L(x+1,y)-L(x-1,y)]] \quad (3\text{-}21)$$

L 为关键点所在的尺度空间值。

在完成关键点的梯度计算后，使用直方图统计邻域内像素的梯度和方向。梯度直方图将 0~360° 的方向范围分为 36 个柱（bins），其中每柱 10°。如图 3-15 所示，直方图的峰值方向代表了关键点的主方向（为简化图像，图中只画了 8 个方向的直方图）。

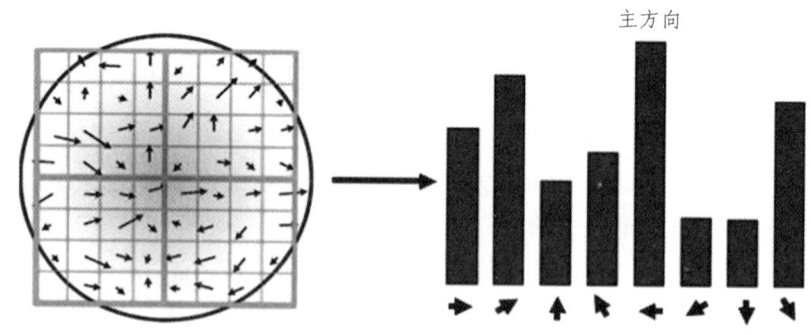

图 3-15 关键点方向直方图

方向直方图的峰值则代表了该特征点处邻域梯度的方向，以直方图中最大值作为该关键点的主方向。为了增强匹配的健壮性，只保留峰值大于主方向峰值 80% 的方向作为该关键点的辅方向。因此，对于同一梯度值的多个峰值的关键点位置，在相同位置和尺度将会有多个关键点被创建但方向不同。仅有15%的关键点被赋予多个方向，但可以明显提高关键点匹配的稳定性。在实际编程实现中，把该关键点复制成多份关键点，并将方向值分别赋给这些复制后的关键点，且离散的梯度方向直方图要进行插值拟合处理，以求得更精确的方向角度值。

通过以上步骤，对于每一个关键点，拥有三个信息：位置、尺度以及方向。接下来为每个关键点建立一个描述符，用一组向量描述这个关键点，使其不随各种变化而改变，比如光照变化、视角变化等等。这个描述不但包括关键点，也包含关键点周围对其有贡献的像素点，并且描述符应该有较高的独特性，以便提高特征点正确匹配的概率。

SIFT描述子是关键点邻域高斯图像梯度统计结果的一种表示。通过对关键点周围图像区域分块，计算块内梯度直方图，生成具有独特性的向量，这个向量是该区域图像信息的一种抽象，具有唯一性。

3. RANSAC与单应矩阵计算

随机抽样一致算法（RANdom SAmple Consensus，RANSAC），采用迭代的方式从一组包含离群的被观测数据中估算出数学模型的参数。RANSAC算法假设数据中包含正确数据和异常数据（或称为噪声）。正确数据记为内点（inliers），异常数据记为外点（outliers）。同时RANSAC假设给定一组正确的数据，存在可以计算出符合这些数据的模型参数的方法。该算法核心思想为随机性和假设性，随机性是根据正确数据出现概率随机选取抽样数据，根据大数定律，随机性模拟可以近似得到正确结果。假设性是假设选取出的抽样数据都是正确数据，然后用这些正确数据通过问题满足的模型计算其他点，然后对这次结果进行一个评分。RANSAC算法被广泛应用于计算机视觉领域和数学领域，例如直线拟合、平面拟合、计算图像或点云间的变换矩阵、计算基础矩阵等方面。

举例一个拟合直线模型RANSAC算法的基本思想：

（1）要得到一个直线模型，需要两个点唯一确定一个直线方程。所以第一步随机选择两个点。

（2）通过这两个点，可以计算出这两个点所表示的模型方程 $y = ax + b$。

（3）将所有的数据点套到这个模型中计算误差。

（4）找到所有满足误差阈值的点。

（5）然后重复（1）~（4）过程，直到达到一定迭代次数后，选出被支持最多的模型，作为问题的解，如图3-16所示。

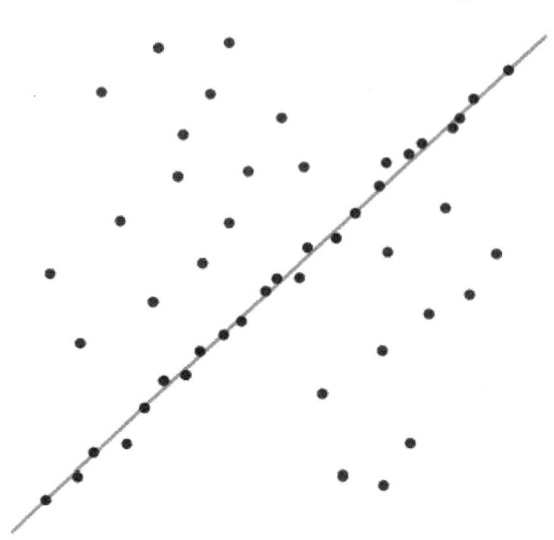

图 3-16　RANSAC 算法直线拟合

可以发现，虽然这个数据集中外点和内点的比例几乎相等，但是 RANSAC 算法仍能找到最合适的解。这个问题如果使用最小二乘法进行优化，由于噪声数据的干扰，得到的结果肯定是一个错误的结果，如图 3-17 所示。这是由于最小二乘法是一个将外点参与讨论的代价优化问题，而 RANSAC 是一个使用内点进行优化的问题。经实验验证，对于包含 80%误差的数据集，RANSAC 的效果远优于直接的最小二乘法。

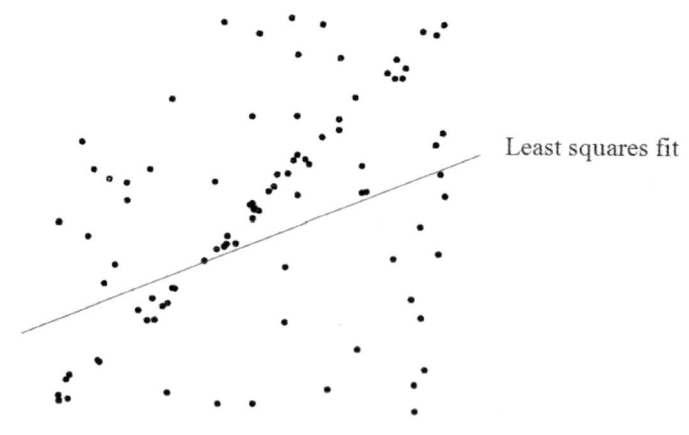

图 3-17　最小二乘法直线拟合

单应性矩阵描述的是针对同一事物，在不同的视角下拍摄的两幅图像之间的关系。假设这两幅图像之间是透视变换，则单应性矩阵也就是透视变换矩阵 H 定义如下：

$$\boldsymbol{H} = \begin{bmatrix} h_{11} & h_{12} & h_{13} \\ h_{21} & h_{22} & h_{23} \\ h_{31} & h_{32} & 1 \end{bmatrix} \qquad (3\text{-}22)$$

则有

$$\begin{bmatrix} x' \\ y' \\ 1 \end{bmatrix} = \begin{bmatrix} h_{11} & h_{12} & h_{13} \\ h_{21} & h_{22} & h_{23} \\ h_{31} & h_{32} & 1 \end{bmatrix} \begin{bmatrix} x \\ y \\ 1 \end{bmatrix} \qquad (3\text{-}23)$$

因此，要恢复出 $\boldsymbol{H}$ 中的 8 个参数，至少需要 4 对匹配点，过程如下：

$$\begin{bmatrix} x_1, y_1, 1, 0, 0, 0, -x'_1 x_1, -x'_1 y_1 \\ 1, 0, 0, 0, x_1, y_1, -y'_1 x_1, -y'_1 y_1 \\ x_2, y_2, 1, 0, 0, 0, -x'_2 x_2, -x'_2 y_2 \\ 1, 0, 0, 0, x_2, y_2, -y'_2 x_2, -y'_2 y_2 \\ x_3, y_3, 1, 0, 0, 0, -x'_3 x_3, -x'_3 y_3 \\ 1, 0, 0, 0, x_3, y_3, -y'_3 x_3, -y'_3 y_3 \\ x_4, y_4, 1, 0, 0, 0, -x'_4 x_4, -x'_4 y_4 \\ 1, 0, 0, 0, x_4, y_4, -y'_4 x_4, -y'_4 y_4 \end{bmatrix} \begin{bmatrix} h_{11} \\ h_{12} \\ h_{13} \\ h_{21} \\ h_{22} \\ h_{23} \\ h_{31} \\ h_{32} \end{bmatrix} = \begin{bmatrix} x'_1 \\ y'_1 \\ x'_2 \\ y'_2 \\ x'_3 \\ y'_3 \\ x'_4 \\ x'_5 \end{bmatrix} \qquad (3\text{-}24)$$

那么即可每次从所有的匹配点中选出 4 对，计算单应性矩阵 $\boldsymbol{H}$，然后选出内点个数最多的作为最终的结果。计算距离方法如下：

$$\left\| \begin{bmatrix} x'_i \\ y'_i \\ 1 \end{bmatrix} - \boldsymbol{H} \begin{bmatrix} x_i \\ y_i \\ 1 \end{bmatrix} \right\| \leqslant t \qquad (3\text{-}25)$$

使用 RANSAC 算法去除外点后计算多光谱图像的单应矩阵，通过单应变换完成粗配准过程。

3.2.2 多尺度级联特征提取子网络

缩小图像中的较大视差与原分辨率图像中的较小视差在视觉上是一致的，因此，存在视差的图像融合能够以无关图像比例的方式进行。多尺度的网络结构可以在学习过程中提取图像多尺度的特征，大尺度的特征提供融合方法以原图像间的整体结构相关性，小尺度的特征提供原图像间的细节像素相关性，不同尺度的相关关系在视差方面保持一致。

描述金字塔特征提取子结构之前首先需要简单介绍一下沙漏网络,沙漏网络,正如其名,是一种形如沙漏的下采样-上采样结构,如图 3-18 所示。图中左侧部分通过卷积和池化操作将特征图降低到较低的分辨率。

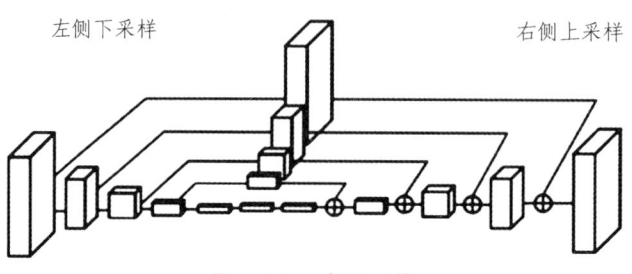

图 3-18 沙漏网络

下采样通过池化操作完成,同时通过另一路卷积保留下采样之前的特征图,用于和上采样部分同尺度的特征图进行融合。当下采样部分特征图达到最小分辨率后,网络经过最近邻上采样后与保留的同尺度特征图进行融合,最后网络输出表示各个关节点在该像素出现的概率的特征级。沙漏网络设计目的在于获取不同尺度下图像所包含的信息。

相较于普通网络,深度残差网络引入捷径跳过某些层的连接,再与主径汇合,如图 3-19 所示。这使得底层的误差可通过捷径向上层传递而解决梯度消失的问题,在不增加额外参数又不提高计算复杂度的同时增加网络模型的训练速度,优化训练效果。作为简单且实用的深层次网络模型,深度残差网络在图像分割、目标检测等图像处理领域内应用广泛。

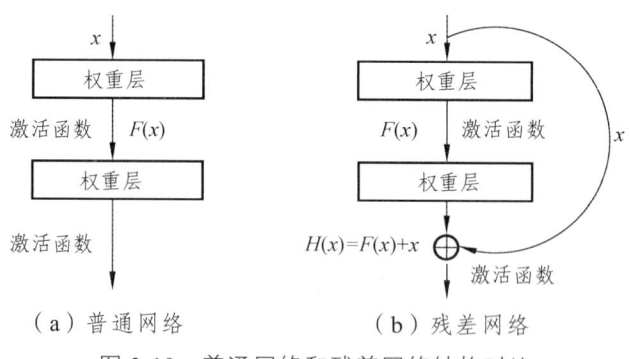

(a)普通网络　　(b)残差网络

图 3-19 普通网络和残差网络结构对比

在沙漏网络和深度残差网络的基础上改进金字塔结构卷积神经网络,该算法框架分为以下两部分:

(1)全局关键点定位网络,使用残差网络作为特征提取网络,通过特征金字塔融合多尺度特征,实现关键点的初步定为;

（2）以沙漏网络为基础对第1级损失较大的关键点精细调整，进而实现对关键特征点的精确定位。

在进一步解释前，需要介绍使用残差网络提取的不同层的特征图尺度形成的金字塔结构。如图3-20所示，特征金字塔结构在网络前向卷积的过程中对每一分辨率的特征图引入后一分辨率缩放2倍的特征图，自底向上对元素进行逐个相加，以此种方式将卷积神经网络中高分辨率低语义信息的底层特征图和低分辨率高语义信息的高层特征图进行融合，使得融合之后的特征图既包含丰富的语义信息，也包含由于不断降采样而丢失的底层细节信息。

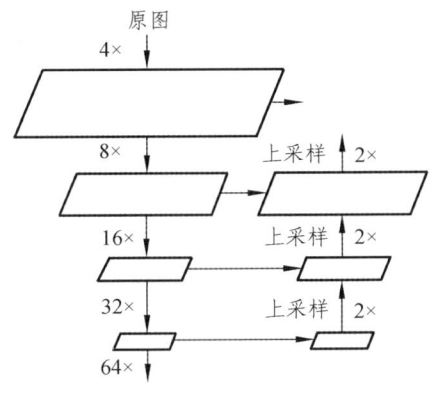

图3-20 特征金字塔结构

第1级网络首先通过残差网络进行特征提取，C1～C5分别代表残差网络中卷积Conv1～Conv5产生的特征图。比如，输入一张大小为512×512的图像，原始的ResNet经过5次步长为2的卷积操作达到降采样的目的，特征图发生5次尺度变化，最终卷积层输出的特征图C5的尺寸为16×16。这里，算法引入空洞卷积是为了提高特征图空间分辨率。

利用残差网络提取的特征图构建特征金字塔时，因为特征图C3～C5具有相同的尺寸，所以可不经过上采样直接融合。融合后的结果与C2继续融合时，先经过双线性插值进行2倍的上采样。每一级产生的特征图都生成一组热力图，同组的每张热力图包含输入图像的一个关键点的坐标，和真实关键点坐标生成的热力图进行误差计算求得损失，共同监督网络训练。在测试阶段，第1级网络输出的热力图可以得到全部关键点的位置坐标。

第2级网络使用两个堆叠的沙漏网络，但与原始的沙漏网络不同的是，第1个沙漏网络的下采样部分即上采样部分的输入是第1级金字塔结构输出的特征图。针对困难关键点，选择第1级损失较大的关键点进行精细调整，仅从这部分关键点反向传播损失算法。第1个沙漏网络融合来自第1级网络所有金字塔层的信息进行定位，第2个沙漏网络利用前一个沙漏网络输出的热力图作为关键点之间的结构先验进行定位。每个沙漏网络均生成一组热力图，并与真值的误差作为损失函数监督网络训练。测试阶段，最后结果为 2 级输出结果的综合。

虽然第 1 级网络已能够完成关键点定位任务。但由于图像的复杂性，一些困难关键点依然难以实现精确定位，这里设计了第 2 级网络对困难关键点的坐标进行精细调整。

使用金字塔特征提取子结构（PyFE）及粗配准图像在不同尺度的特征，几个子结构相连形成了图像金字塔卷积编码网络，这种网络结构在特征提取方面具有较好的效果，而且速度非常快。多个子结构相连在采样部分有大量的特征通道，这些特征通道允许网络将上下文信息传播到更细尺度的层，这种多尺度策略对于网络应用于大图像中非常重要，这是因为图像分辨率会受到 GPU 内存的限制。

在提取图像特征前，使用传统快速的图像配准方法得到粗配准的多光谱源图，作为特征提取子网络的输入。图像粗配准可在较大程度上消除多视角图像的视差，但仍存在配准误差，将配准的结果输入到多尺度级联特征提取子网络进行后续操作。

多尺度级联特征提取子网络首先构建了一个图像金字塔，将一张可见光图像 S_0 与对应的紫外光图像的粗配准结果 T_0 作为子网络的一组输入，同时也作为图像金字塔尺度最大的一级。图 3-20 中的橙黄色箭头代表一次 2×2 的平均池化操作，每个操作核 A_i（$i=0,1,2,\cdots$）包含两个 3×3 大小的卷积层以及一个 PReLU 激活函数，每个卷积层层数为 2^{i+4}，步长为 1。除尺度最粗的第 0 级金字塔外，对每一级金字塔执行这些操作核并将其输出结果与上一级的平均池化结果叠加，形成一个级联的特征提取子网络。多个金字塔级别共享网络权重，确保每个共享级别的核含义相同，每一级金字塔都会输出数量为 2^{i+4} 的紫外特征图和等量可见光特征图，作为 GNN 特征融合子网络的输入，进入下一步的融合阶段。

3.2.3　GNN 特征融合子网络

深度学习已在欧几里得数据中取得了较大的成功，但从非欧几里得域生成的数据在目前来看已经取得更广泛的应用，它们需要更有效的分析。例如，在电子商务领域，一个基于图的学习系统能够利用用户和产品之间的交互实现高度精准的推荐。在化学领域，分子被建模为图，新药研发需要测定其生物活性。在论文引用网络中，论文之间通过引用关系互相连接，需要将它们分成不同的类别。

图数据的复杂性对现有机器学习算法提出了重大挑战，因为图数据是不规则的。每张图大小不同、节点无序，一张图中的每个节点都有不同数目的邻近节点，使得一些在图像中容易计算的重要运算（如卷积）不能再直接应用于图。此外，现有机器学习算法的核心假设是实例彼此独立。然而，图数据中的每个实例都与周围的其他实例相关，含有一些复杂的连接信息，且用于捕获数据之间的依赖关系，包括引用、友邻关系和相互作用。

图是一种结构化数据，它由一系列的对象（nodes）和关系类型（edges）组成。作为一种非欧几里得形数据，图分析被应用到节点分类、链路预测和聚类等方向。图网络是一种基于图域分析的深度学习方法，在对其构建的基本动机论文中进行了分析阐述。

卷积神经网络（CNN）是GNN起源的首要动机。CNN有能力去抽取多尺度局部空间信息，并将其融合以构建特征表示。CNN只能应用于常规的欧几里得数据上（例如2-D的图片、1-D的文本），这些形式的数据可以被看成图的实例化。随着对GNN和CNN的深入分析，可发现其具有三个共同的特点：

（1）局部连接；

（2）权值共享；

（3）多层网络。

这对于GNN来说同样有重要的意义：

（1）局部连接是图的最基本的表现形式；

（2）权值共享可以减少网络的计算量；

（3）多层结构可以让网络捕获不同的特征。

然而，从CNN到GNN的转变还面临着另一个问题，难以定义局部卷积核和池化操作，这也阻碍了CNN由传统欧几里得空间向非欧几里得空间的扩展。

区别于标准神经网络，图形神经网络保留一种状态，该状态可以表示来自其邻域的任意深度的信息。由于原始GNN难以针对固定点进行训练，而网络体系结构、优化技术和并行计算的最新进展已经使得GNN能够成功地针对固定点进行训练。近年来，基于图卷积网络（GCN）和门控图神经网络（GGNN）的系统已在多个研究领域中展示了其突破性的性能。

首先，类似CNN和RNN的标准神经网络无法正确处理图形输入，因为它们按特定顺序堆叠节点的特征。但是，图中没有自然的节点顺序。为了完整地呈现图形，应遍历所有可能的顺序作为模型的输入，如CNN和RNN，这在计算时非常冗余。为了解决这个问题，GNN分别在每个节点上传播，忽略了节点的输入顺序。换句话说，GNN的输出对于节点的输入顺序是不变的。

其次，图中的边表示两个节点间依赖关系的信息。在标准神经网络中，依赖信息仅被视为节点的特征。但GNN可以通过图形结构进行传播，而不是将其作为要素的一部分。通常，GNN通过其邻域的状态加权和来更新节点的隐藏状态。

第三，推理是高级人工智能的重要的研究课题之一。人脑中的推理过程几乎都是基于日常经验提取而得到的。标准神经网络已经显示出通过学习数据分布生成合成图像和文档的能力，同时它们仍无法从大型实验数据中学习推理图。然而，GNN探索从场景图片和故事文档等非结构性数据生成图形,这可以成为进一步高级 AI 的强大神经模型。

使用光流策略不适用于采集强度不同的多光谱图像场景,为了脱离光流策略带来的强度一致性限制,本方法使用基于空间的图神经网络来学习粗配准图像的特征相关性,能在配准误差、光强差异和图像变换存在的情况下学习相关性强的特征,在网络中通过聚合过程与更新过程将特征融合。为了能在金字塔特征提取子结构后实现各尺度融合网络的权值共享,本方法将图神经网络中常见的门单元提前,遵循编解码网络的规则对门单元的输出进行初步融合,这相当于对异构图像的特征进行初步融合。

GNN 特征融合子网络的主要功能是融合从可见光图像和紫外光图像提取出的图像特征,它包含两个部分:门单元和 GNN 聚合更新模块。

1. 门单元

门单元的主要作用是将特征提取子网络每一级输出的紫外和可见光特征图进行初步融合,得到该级的初步融合特征图,对第 i 级($i=0,1,2,\cdots$)而言,其结果为 f_i,计算公式为

$$f_i = W\tau(f_i^{\mathrm{con}}) \tag{3-26}$$

其中,f_i^{con} 表示特征提取网络第 i 级输出的两组特征图的连接,对应的第 i 级门单元由层数为 2^{i+4}、大小为 1×1 的卷积层与 PReLU 激活函数 τ 组成。门单元能初步学习到可见光特征图和紫外光特征图的自适应权重参数,按照门控机制,其权重参数决定了应该保留多少对应级别可见光图像与紫外光图像的先验信息。初步融合之后,GNN 聚合更新模块将进一步融合可见光图像与紫外光图像的先验信息。

2. GNN 聚合更新模块

GNN 聚合更新模块利用了图神经网络的融合机制对紫外图像特征和可见光图像特征进行动态的自适应融合。使用图神经网络首先需要构建一个图,设置这个图的顶点和边,然后利用传播模型进行融合,传播模型主要包括聚合函数和更新函数两个部分。

在 GNN 聚合更新模块中,本研究构造了一个基于特征图 f_i 中像素间特征相似性的图 $G^{f_i} = \{V^{f_i}, E^{f_i}\}$。将特征图像 f_i 中的每个像素点 p 定义为图的顶点,顶点的集合是 V^{f_i},顶点和顶点通过像素间的相关性来连接,连接的集合是 E^{f_i}。在本研究方法中,使用顶点 p 与顶点 q 之间的视觉特征空间差异表示顶点之间的相关性,由公式 $\|f_{ip} - f_{iq}\|^2$ 计算得到。每个顶点只和与其在特征空间距离最小的 K 个顶点相连,在本研究实验中第 i 级的 K 设置为 2^{i+4},于是可以将其视为顶点的 K 近邻图。该 K 近邻图会在图网络传播过程中动态调整,图中的每个顶点可以从动态更新的邻近顶点中选择更多有用的先验信息,它

不会受限于卷积核窗口的大小。

图构建完成，考虑到图像像素的特征矩阵可以看作状态变量，本研究将 f_i 中像素点 p 的特征矩阵作为该顶点的起始隐藏状态 s_p^0，利用传播模型更新状态进行特征融合，传播模型中的聚合函数 G 和更新函数 U 具体设置如下：

聚合函数 G 的功能是聚合邻域像素点 $q \in \Omega_p$ 的特征信息，在开始传播 t 时间后，每个顶点都从相邻顶点聚合到信息。将所有相邻像素点的隐藏状态 s_q^t 输入多层感知机（Multi-layer Perception，MLP）中，取平均结果得到聚合信息 m_p^t，本研究实验中使用的是最简单的只包含一个隐藏层的 MLP，激活函数使用 PReLU。m_p^t 计算公式为

$$m_p^t = \frac{\sum_{q \in \Omega_p} G(s_q^t)}{|\Omega_p|} \tag{3-27}$$

更新函数 U 的功能是根据聚合信息 m_p^t 和当前顶点本身的状态信息 s_p^t 进行更新。此处使用的 MLP 与聚合函数中的相同。开始传播后 $t+1$ 时间的顶点状态 s_p^{t+1} 计算公式为

$$s_p^{t+1} = U(s_p^t, m_p^t) \tag{3-28}$$

GNN 特征融合子网络的传播过程如图 3-21 所示，展示的是顶点 p 的构图并由 t 时刻状态聚合更新得到 $t+1$ 时刻状态的过程。

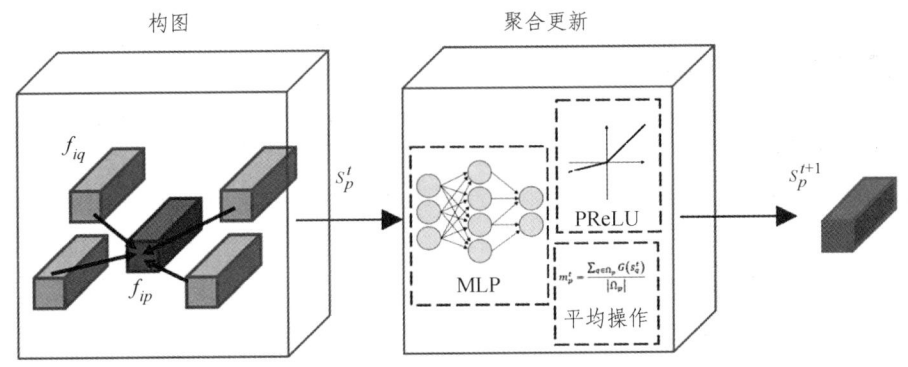

图 3-21 GNN 特征融合子网络的传播过程示意图

3.2.4 特征重构子网络

特征重构子网络的主要功能是将各级 GNN 聚合更新模块输出的融合特征图进行重构，最终重构出高质量的紫外-可见光融合图像。

本研究参考 UNet 解码端网络的设计思路，解码端网络的输入是特征金字塔，网络

中的每一级包含两个 3×3 大小的卷积层,每个卷积层带有一个 PReLU 激活函数,卷积层层数设置为 2^{i+4},其中 i 是特征金字塔的级别,将这些卷积表示为 R_i。除尺度最粗的第 0 级金字塔外,每一级卷积的结果会通过 2 倍上采样然后与上一级的融合特征图叠加,从级别 $i+1$ 到级别 i 的上采样是通过双线性插值方法执行的。在特征重构阶段,每个级别使用独立学习的权重,在尺度最大的第 0 级,R_0 之后使用没有激活函数的 $1\times1\times1$ 卷积来生成最终的融合图。

3.2.5 损失函数

从图像融合的角度来讲,在图卷积神经网络中使用均方差(MSE)函数作为损失函数即可实现较好的图像融合效果,但为了使网络更好地学习到紫外-可见光图像之间的结构相关性与像素相关性,以得到更清晰的高质量融合结果图,本研究在均方差函数基础上补充了结构相似性(SSIM)和平均梯度(AG)来设计损失函数。

均方差(MSE)计算的是融合后的图像与原图像之间的像素误差,这个值越小说明融合后图像与原图像之间的像素差异越小,图像融合效果越好。本研究损失函数中均方差项的计算公式为

$$L_{\text{MSE}} = \frac{1}{M\times N}\sum_{i=1}^{M}\sum_{j=1}^{N}|R(i,j)-S(i,j)|^2 \qquad (3\text{-}29)$$

式中,M 和 N 为图像的高和宽,$R(i,j)$ 表示融合结果图像中第 i 行 j 列的像素值,S 代表原可见光图像对应像素的像素值。

结构相似性(SSIM)表示的是图像之间的结构相似度,它分别从亮度、对比度和结构三个方面来计算图像 R 和图像 S 之间的相似性。SSIM 越大,说明融合后图像与原图像之间的结构差异小,图像融合的效果越好,本研究损失函数中结构相似性项的计算公式为

$$L_{\text{SSIM}} = 1 - SSIM(R,S) \qquad (3\text{-}30)$$

$$SSIM(R,S) = [l(R,S)]^{\alpha}\cdot[c(R,S)]^{\beta}\cdot[s(R,S)]^{\gamma} \qquad (3\text{-}31)$$

$$l(R,S) = \frac{2\mu_R\mu_S + C_1}{\mu_R^2 + \mu_S^2 + C_1} \qquad (3\text{-}32)$$

$$c(R,S) = \frac{2\sigma_R\sigma_S + C_2}{\sigma_R^2 + \sigma_S^2 + C_2} \qquad (3\text{-}33)$$

$$s(R,S) = \frac{\sigma_{RS} + C_3}{\sigma_R\sigma_S + C_3} \qquad (3\text{-}34)$$

式中，$l(R,S)$、$c(R,S)$、$s(R,S)$ 分别表示图像 R 与图像 S 之间亮度、对比度、结构相关成分，α、β、γ 三个参数用于调整三个相关成分的重要程度，C_1、C_2、C_3 为常数，用于避免分母接近 0 时结果不稳定的情况，μ_R、μ_S 分别表示图像 R 和 S 的均值，σ_R、σ_S 分别表示图像 R 和 S 的方差，σ_{RS} 表示图像 R 和 S 的协方差。通常设置 $\alpha=\beta=\gamma=1$，$C_1=(K_1\times L)^2$，$C_2=(K_2\times L)^2$，$C_3=C_2/2$，$L=255$，$K_1=0.01$，$K_2=0.03$。

平均梯度（AG）与图像的细节数量成正相关关系，可以用来反映图像的清晰程度，本研究损失函数中平均梯度项的计算公式为

$$L_{AG}=\frac{\sum_{i=1}^{M-1}\sum_{j=1}^{N-1}\sqrt{\frac{[R(i+1,j)-R(i,j)]^2+[R(i,j+1)-R(i,j)]^2}{2}}}{255(M-1)(N-1)} \quad (3\text{-}35)$$

式中，M 和 N 为图像的高和宽，$R(i,j)$ 表示融合结果图像中第 i 行 j 列的像素值。

本研究所使用的损失函数计算公式为

$$LOSS=L_{MSE}+\lambda_1 L_{SSIM}+\lambda_2 L_{AG} \quad (3\text{-}36)$$

实验中选取了合适的各项损失函数权重用于训练图像融合网络。

3.2.6 模型测试

为了训练和测试前面所设计的网络模型，需要制作一个包含电力设备渗漏油场景的紫外-可见光图像数据集，本研究采集了 468 组共 936 张像素分辨率为 1024×896 的紫外-可见光图像数据，每组数据中紫外光图像与可见光图像是对同一渗漏油场景同步采集的，紫外光图像由紫外光相机拍摄，可见光图像由可见光相机拍摄，两幅图像因为相机位置不同存在一定的视差，拍摄时紫外光相机与可见光相机的相对位置随机设置，并保证在每一组数据的紫外光图像中包含有较明显的变压器油紫外荧光，可见光图像中包含该场景丰富的细节信息。

实验时使用从数据集中随机抽取的 368 组作为本节所设计的网络的训练集，剩余的 100 组作为测试集，训练样本会被随机打乱。在网络训练的过程中，多尺度级联特征提取子网络的金字塔级别设置为 6，优化器使用 Adam 优化器，初始学习率设置为 0.001，权重衰减设置为 0.000 5，每次迭代的批量大小设置为 16，训练使用的平台是 Pytorch 深度学习框架，显卡型号为 GTX1080Ti。作为对比，本研究对相同的数据集图像分别使用 NSST-ASR 方法、PWC-Net 方法和 Trinidad 方法进行实验。在 NSST-ASR 方法中使用 1 级 NSST 分解，子字典数为 8，在 PWC-Net 方法中和 Trinidad 方法中均使用其文献推荐的设置。

在图像融合结果的客观评价方面，本实验使用了以下客观评价指标：

（1）峰值信噪比（PSNR）。PSNR 是描述图像对应像素之间差别的指标，本研究是将渗漏油场景的紫外-可见光图像融合，融合图像的大多数像素信息由可见光图像提供，因此使用融合图像与原可见光图像的 PSNR 值可以表示图像融合的质量，PSNR 值越大，融合的效果越好，其计算公式为

$$PSNR = 10\lg\left(\frac{(2^8-1)^2}{MSE(R,S)}\right) \quad (3\text{-}37)$$

式中的 MSE 表示融合图像 R 与可见光原图 S 之间的均方差函数，其计算方法见式（3-29）。

（2）结构相似性（SSIM）。SSIM 的含义和计算方法见 3.2.4 节和式（3-31），此处不再赘述。SSIM 值越大，融合效果越好。

（3）平均梯度（AG）。AG 的含义见 3.2.4 节和式（3-35），此处不再赘述。可以认为平均梯度越大，图像的边缘越明显，融合的效果越好。

（4）自然图像质量评价指标（NIQE）。NIQE 从大量的高质量自然图像中提取统计规律并建立起评价模型，是一个完全无参考的图像质量评价指标，用于评价一幅图像的感知质量。NIQE 的主要计算过程为：将图像亮度归一化，根据图像亮度筛选出信息最丰富且较小可能受到限制失真影响的图像块，构建待测图像 I_R 的块集 U_R 以及高质量自然图像的块集 U_N。对于一个图像块集 U 的每个图像块，使用非对称的广义高斯分布和广义高斯分布拟合它的亮度系数，再计算每个块的统计特征。拟合结束之后，可获得 I_R 的统计特征库 F_R 和高质量自然图像的统计特征库 F_N。使用多元的高斯模型来拟合图像统计特征的均值矩阵与均方差矩阵，对于 F_N 和 F_R 来说，拟合后可得到 (M_N, Σ_N) 和 (M_R, Σ_R)。NIQE 的计算公式为

$$NIQE = \sqrt{(M_N - M_R)^{\mathrm{T}}\left(\frac{\Sigma_N + \Sigma_R}{2}\right)^{-1}(M_N - M_R)} \quad (3\text{-}38)$$

融合图像 R 的统计规律如果与自然图像 N 的统计规律越相似，计算出的 NIQE 值就越小，图像融合的质量就越高。

（5）空间频率误差比（rSFe）。空间频率（SF）描述的是图像灰度的变化率，SF 的计算公式为

$$SF = \sqrt{RF^2 + CF^2} \quad (3\text{-}39)$$

$$RF = \frac{1}{MN}\sum_{i=1}^{M}\sum_{j=2}^{N}|R(i,j)-R(i,j-1)|^2 \quad (3\text{-}40)$$

$$CF = \frac{1}{MN} \sum_{i=2}^{M} \sum_{j=1}^{N} |R(i,j) - R(i-1,j)|^2 \quad (3-41)$$

式中，M 和 N 为图像的高和宽，$R(i,j)$ 表示融合结果图像中第 i 行 j 列的像素值。rSFe 由 SF 推导得来，rSFe 越趋近于 0，说明图像越清晰，图像融合质量就越好。

（6）融合质量（Qabf）。它使用滑动窗口对源图像和融合结果图进行窗口切割，再分别对每个窗口图像计算 SSIM。其计算公式为

$$Q_{abf} = \frac{1}{|W|} \sum_{\omega \in w} [\lambda_{s_1}(\omega) SSIM(s_1, R | \omega) + \lambda_{s_2}(\omega) SSIM(s_2, R | \omega)] \quad (3-42)$$

$$\lambda_{s_1} = \frac{s(s_1 | \omega)}{s(s_1 | \omega) + s(s_2 + \omega)} \quad (3-43)$$

式（3-42）中 $SSIM(s_1, R | \omega)$ 是源图像 s_1 与融合结果图 R 在 ω 窗口的结构相似度，式（3-43）中 $s(s_1 | \omega)$ 和 $s(s_2 | \omega)$ 为两幅源图像在 ω 窗口处的显著性。Q_{abf} 值越大，图像融合效果越好。

在实验过程中，使用上述客观评价指标将本研究方法与 NSST-ASR、PWC-Net 和 Trinidad 方法对比，结果数据显示如表 3-1 所示，表中的数值为测试集结果的平均值，每个指标中最优结果用加粗的字体显示。

表 3-1　图像融合方法对比实验结果

对比项	NSST-ASR	PWC-Net	Trinidad	本研究方法	本研究方法排名
PSNR	24.189 8	26.935 4	29.322 7	**31.055 1**	1
SSIM	0.717 6	0.800 3	0.824 3	**0.835 1**	1
AG	0.496 1	0.629 3	**0.722 1**	0.693 6	2
NIQE	18.199 4	31.107 9	9.032 3	**5.125 2**	1
rSFe	-0.309 3	-0.201 2	-0.136 7	**-0.096 3**	1
Qabf	0.385 6	0.573 5	0.641 4	**0.768 3**	1

由表 3-1 可知，本研究方法在 PSNR、SSIM、NIQE、rSFe、Qabf 指标上取得了最好的结果，在平均梯度 AG 指标排名中仅次于 Trinidad 方法。

4 PART FOUR

基于多光谱特征的充油类设备渗漏油识别及油量估算方法研究

4.1 基于多光谱特征的充油类设备渗漏油识别方法

现有的电力充油设备渗漏油检测方法无法兼顾准确性和普适性，需要设计一种检测准确率高、不受自然光照条件影响的渗漏油检测方法。偏振成像检测技术为电力设备渗漏油检测提供了一种技术思路，但如何利用该方法进行检测需要进一步研究。与此同时，使用在渗漏油检测设备中的方法还需要考虑到便携式设备中运算资源较少的限制，应将渗漏油检测速度控制在实时的范围内。本章将从变压器油的偏振特性和紫外荧光特性入手提出一种渗漏油检测方法，能同时兼顾准确性和普适性。

4.1.1 方法描述

本方法的核心是图像滤波去噪算法。图像滤波去噪法根据不同处理域的角度可以划分为空域和频域两种处理方法：前者是在图像本身存在的二维空间里对其进行处理，根据不同的性质又可分为线性处理法和非线性处理法；而后者则是用一组正交函数系逼近原信号函数，以获得相应的系数，将对原信号的分析转化到了系数空间域（即频域）中进行。

空间域的线性滤波算法理论发展较为成熟。数字分析简单，对滤除与信号不相关的随机噪声效果较为显著，但是它本身存在着明显的缺陷（如需要随机噪声的先验统计知识，对图像边缘细节保护能力较差等，特别是后者使得线性滤波无法较好地适应于图像的噪声滤除处理）。

与线性滤波相对应的非线性滤波大都考虑到了人的视觉标准和最佳滤波准则，提高了图像分辨率和边缘保护能力，特别是一些改进后的非线性滤波方法一般都具有一定的自适应性，这就使得非线性滤波的功能更为强大，可以广泛地应用到医学、遥感等领域的图像处理中。1971年，图基提出了中值滤波的思想，并首先应用于时间序列的分析中，后来这种方法被引入图像处理中，用来滤除图像的噪声，收到了较好的效果。随之而来的是各种中值滤波的改进方案，其中有一种被称为自适应加权中值滤波的改进算法引起了人们的关注，这种方法最突出的特点是其具有自适应性，且较传统算法而言，其对图像的边缘保护能力明显提高。数学形态学和统计学的引入为数字滤波技术开辟了新的途径，由此孕育出很多有关滤波算法，这些算法大都考虑了像素点附近不同的区域形态，并结合统计学的知识，使算法对图像的处理具有自适应性且提高了边缘保护能力。

按照噪声产生的物理因素来划分，可以分成如下几类：

（1）电子噪声：由图像采集电路阻性器件中的电子运动发热而产生的噪声。

（2）光电子噪声：由图像的光电转换器引起，特别是在弱光的条件下，噪声尤为强烈。

（3）感光颗粒噪声：一般存在于胶片图像中。它是由于在胶片曝光和显影中，感光剂卤化银颗粒转化为金属银颗粒时因形状不均和分布的随机性造成的。

（4）散斑噪声：在一些相干成像系统（如医学超声成像、合成孔径雷达成像、激光成像）中，由于声波或者光波的相干作用而在图像中产生的噪声。

它还与成像组织表面的粗糙度有关系。

图像的去噪处理方法可分为空间域法和变换域法两大类。基于空域像素特征法，在一定大小的窗口内，分析中心像素与其他相邻像素之间在灰度空间的直接联系，以获取新的中心像素值的方法，因此往往都会存在一个典型的输入参数，即滤波半径 r。此滤波半径可能用于在该局部窗口内计算像素的相似性，也可能是一些高斯或拉普拉斯算子的计算窗口。在邻域滤波法中，最具有代表性的滤波方法有以下几种：算术均值滤波与高斯滤波、统计中值滤波、双边滤波、引导滤波、NLM（Non-Local Means）算法。

算术均值滤波用像素邻域的平均灰度来代替像素值，适用于脉冲噪声，这是因为脉冲噪声的灰度级一般与周围像素的灰度级不相关，而且亮度远高出其他像素。

均值滤波结果随着 L（滤波半径）取值的增大而变得越来越模糊，图像对比度越来越小。经过均值处理后，噪声部分被弱化到周围像素点上，所得到的结果是：噪声幅度减小，但是噪声点的颗粒面积同时变大，所以污染面积反而增大。为了解决这个问题，可以通过设定阈值，比较噪声和邻域像素灰度，只有当差值超过一定阈值时，才被认为是噪声。不过阈值的设置需要考虑图像的总体特性和噪声特性，进行统计分析。自适应均值滤波算法通过方向差分以寻找噪声像素，从而赋予噪声像素与非噪声像素不同的权重，并自适应地寻找最优窗口大小，优于一般的均值滤波方法。

高斯滤波矩阵的权值，随着与中心像素点的距离增加，而呈现出高斯衰减的变换特性。这样的好处在于：离算子中心较远的像素点的作用较小，从而能在一定程度上保持图像的边缘特征。通过调节高斯平滑参数，可以在图像特征过分模糊和欠平滑之间取得折中。与均值滤波一样，高斯平滑滤波的尺度因子越大，结果越平滑，但由于其权重考虑了与中心像素的距离，因此是更优的是对邻域像素进行加权的滤波算法。

中值滤波首先确定一个滤波窗口及位置（通常含有奇数个像素），然后将窗口内的像素值按灰度大小进行排序，最后取其中位数代替原窗口中心的像素值（如图4-1所示）。

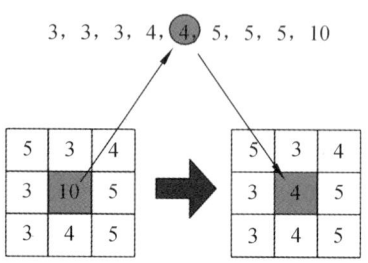

图4-1 中值滤波原理示意

当噪声像素个数大于窗口像素总数的一半时，由于灰度排序的中间值仍为噪声像素灰度值，所以滤波效果很差。此时如果增加窗口尺寸，会使得原边缘像素被其他区域像素代替的几率增加，图像更容易变模糊，并且运算量也大大增加。

无论是中值滤波还是加权滤波，两者受窗口的尺寸大小影响非常大。一种对中值滤波的改进是自适应中值滤波，它首先判断窗口内部的中心像素是否是一个脉冲，如果不是，则输出标准中值滤波的结果；如果是，则通过继续增大窗口滤波尺寸来寻找非脉冲的中值，相较于原始的统计中值滤波器，该方法在保持清晰度和细节方面更优。

双边滤波是一种非线性的保边滤波方法，是结合图像的空间邻近度和像素值相似度的一种折中处理，同时考虑空域信息和灰度相似性，达到保边去噪的目的，具有简单、非迭代、局部的特点。双边滤波器之所以可以达到保边去噪的效果，这是因为滤波器是由两个函数构成。一个函数是由几何空间距离决定滤波器系数。另一个由像素差值决定滤波器系数。双边滤波器中，输出像素的值依赖于邻域像素值的加权组合：

$$g(i,j) = \frac{\sum_{k,l} f(k,l) w(i,j,k,l)}{\sum_{k,l} w(i,j,k,l)} \quad (4-1)$$

权重系数 $w(i, j)$ 取决于空域核和值域核的乘积大小。其中空域滤波器对空间上邻近的点进行加权平均，加权系数随着距离的增加而减小。值域滤波器则是对像素值相近的点进行加权平均，加权系数随着值差的增大而减小。

高斯滤波等线性滤波算法所用的核函数相对于待处理的图像是独立无关的，这里的独立无关也意味着对任意图像均采用相同的操作。

引导滤波是在滤波过程中加入引导图像中的信息,这里的引导图可以是单独的图像也可以是输入图像,当引导图为输入图像时,引导滤波就成为了一个可以保持边缘的去噪滤波操作。第一步:假设该引导滤波函数的输出与输入在一个二维窗口内满足线性关系如下:

$$q_i = \alpha_k I_i + b_k, \forall i \in \omega_k \tag{4-2}$$

$$q_i = p_i - n_i \tag{4-3}$$

其中,q 是输出像素的值,即 p 去除噪声或者纹理之后的图像,n_i 表示噪声,I 是输入图像的值,i 和 k 是像素索引,a 和 b 是当窗口中心位于 k 时该线性函数的系数。(当引导图为输入图像时,引导滤波就成为一个保持边缘的滤波操作,即 $I=p$,对上示两边取梯度可得 $q'=aI'$,即当输入图 I 有梯度时,输出 q 也有类似的梯度,这也是引导滤波具有边缘保持特性的原因。

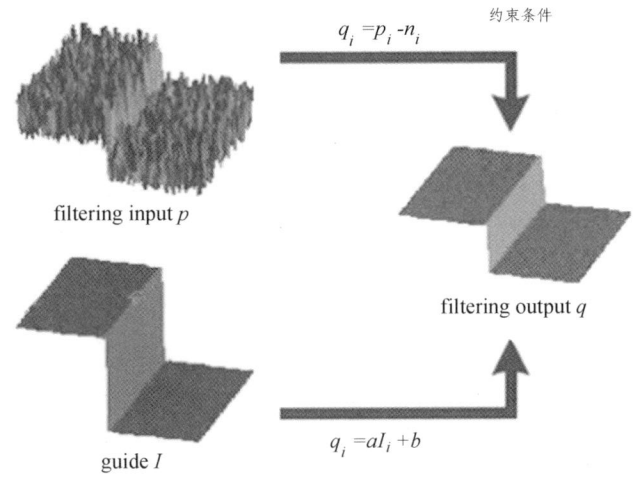

图 4-2 引导滤波原理

第二步求出线性函数的系数,即线性回归,即希望拟合函数的输出值 q 与真实值 p 之间的差距最小,转化为下面但最优化问题,即使得下式值最小:

$$E(a_k, b_k) = \sum_{i \in \omega k}[(a_k I_i + b_k - p_i)^2 + \epsilon a_k^2] \tag{4-4}$$

$$a_k = \frac{\frac{1}{|\omega|}\sum_{i \in \omega k} I_i p_i - \mu_k \overline{p}_k}{\sigma_k^2 + \epsilon} \tag{4-5}$$

$$b_k = \overline{p}_k - a_k \mu_k \tag{4-6}$$

在这里，μ_k 和 σ_k^2 表示 I 在局部窗口 w_k 中的均值和方差。$|\omega|$ 是窗口内的所有像素数，p_k 表示 p 在窗口 w_k 中的均值，ϵ 就是规整化参数，当 $I=p$ 时，上面第二个公式即可简化为

$$a_k = \frac{\sigma_k^2}{\sigma_k^2 + \epsilon} \tag{4-7}$$

$$b_k = (1-a_k)\mu_k \tag{4-8}$$

如果 $\epsilon = 0$，显然 $a=1$，$b=0$ 是 $E(a,b)$ 为最小值的解，从上式可以看出，此时的滤波器没有任何作用，将输入原封不动地输出。如果 $\epsilon > 0$，在像素强度变化小的区域（方差不大），即图像 I 在窗口 w_k 中基本保持固定，此时有 $\sigma_k^2 \ll \epsilon$，于是有 $a_k \approx 0$ 和 $b_k \approx \mu_k$，即做了一个加权均值滤波，而在高方差区域，即表示图像 I 在窗口 w_k 中变化比较大，此时 $\sigma_k^2 \gg \epsilon$，于是有 $a_k \approx 1$ 和 $b_k \approx 0$，对图像的滤波效果很弱，有助于保持边缘。在窗口大小不变的情况下，随着 ϵ 的增大，滤波效果越明显。

第三步：在计算每个窗口的线性系数时，可以发现一个像素会被多个窗口包含，即每个像素都由多个线性函数描述。因此，如之前所说，要具体求某一点的输出值 q_i 时，只需将所有包含该点的线性函数值平均即可，如下：

$$q_i = \frac{1}{|\omega|}\sum_{k:i\in w_k}(a_k I_i + b_k) = \overline{a}_i I_i + \overline{b}_i \tag{4-9}$$

其中，输出值 q 又与两个均值有关，分别为 a 和 b 在窗口 w 中的均值，将上一步得到两个图像 a_k 和 b_k 都进行盒式滤波，得到两个新图，经过上式计算后得到最终滤波之后的输出图像 q。

NLM（Non-Local Means）算法使用自然图像中普遍存在的冗余信息去噪声，区别于常用的双线性滤波、中值滤波等利用图像局部信息进行滤波，它利用了整幅图像进行去噪，以图像块为单位在图像中寻找相似区域，再对这些区域求平均，能够较好地去掉图像中存在的高斯噪声。

如图 4-3 所示，其中 p 为去噪的点，从图中看出 q_1 和 q_2 的邻域与 p 相似，所以权重和比较大，而 q_3 因为与 q 邻域相差较大，所以赋予的权重值就很小。NLM 就是将一幅图像中所有点的权重均表示出来，即可得到一些权重图（如图 4-4 所示）。

这个块邻域在整幅图像中移动，计算图像中其他区域跟这个块的相似度，相似度越高，所得权重越大。最后将这些相似的像素值通过归一化后的权重加权求和，得到去噪之后的图像。

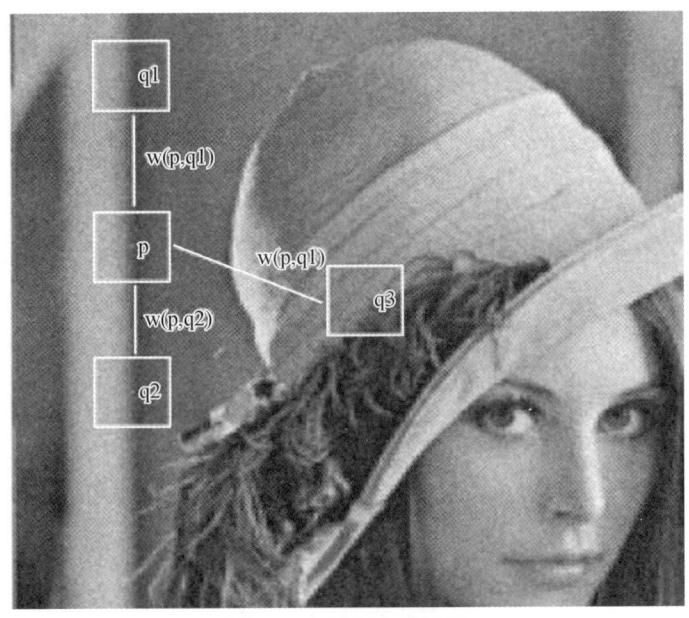

图 4-3 高斯噪声图像

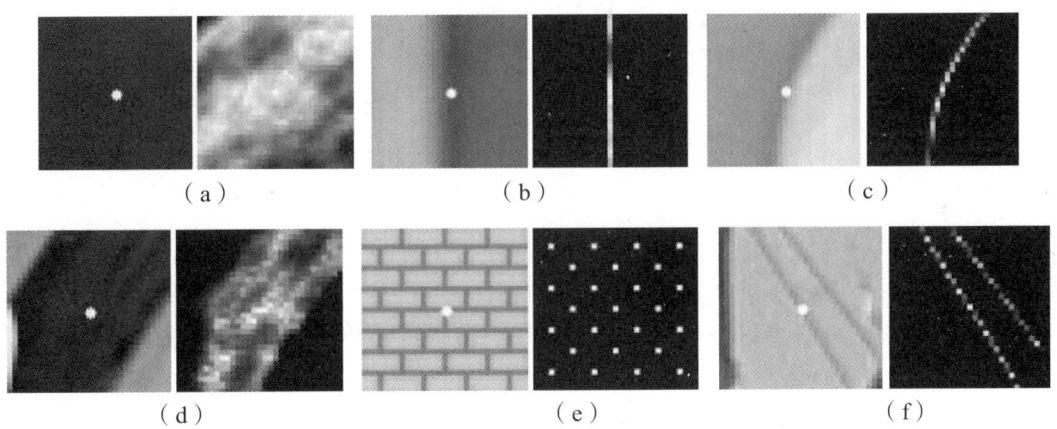

图 4-4 NLM 滤波权重图

左边是原图中心的白色色块代表了像素块邻域,右边是计算出来的权重图,权重范围从 0(黑色)到 1(白色)。

由于原始 NLM 方法需要用图像中所有的像素估计每一个像素的值,因此计算量非常大,研究者不断对该方法进行以下几点改进:

(1)采用一定的搜索窗口代替所有的像素,使用相似度阈值,对于相似度低于某一阈值的像素,不加入权重的计算(即不考虑其相对影响,这些都可以降低计算复杂度)。

（2）使用块之间的显著特征，如纹理特征等代替灰度值的欧氏距离来计算相似度，在计算上更加有优势，应用上也更加灵活。

空域去噪都是从空间的角度去思考如何去噪，即所谓的 spatial noise reduction，变换域去噪的方法是通过数学变换，在变换域上把信号和噪声分离，然后把噪声过滤掉，剩下的为信号。如图 4-5 所示的没有噪声的信号就比较顺滑没有杂质。

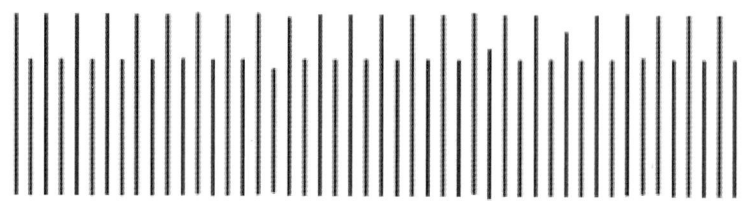

图 4-5　无噪声的信号

图 4-6 中含有噪声的信号就会显得参差不齐，毛刺较多。而若可以将噪声变换一个域后，设定一个阈值，将高于阈值的部分去掉，再反变换后剩下的即为干净的信号。

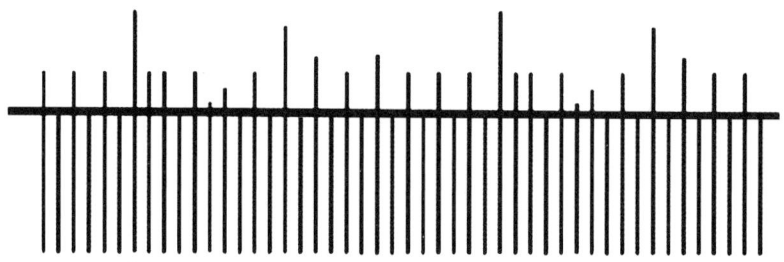

图 4-6　含有噪声的信号

因此，图像变换域去噪算法的基本思想就是首先进行某种变换，将图像从空间域转换到变换域，然后从频率上把噪声分为高中低频噪声，用这种变换域的方法即可把不同频率的噪声分离，之后进行反变换将图像从变换域转换到原始空间域，最终达到去除图像噪声的目的。

图像从空间域转换到变换域的方法有很多，其中最具代表性的有傅里叶变换、离散余弦变换、小波变换以及多尺度几何分析方法等。其中基于小波萎缩法是目前研究最为广泛的方法，小波萎缩法又分成如下两类：第一类是阈值萎缩，由于阈值萎缩主要基于如下事实：即比较大的小波系数一般均是以实际信号为主，而比较小的系数则很大程度是噪声。因此可通过设定合适的阈值，首先将小于阈值的系数置零，而保留大于阈值的小波系数；然后经过阈值函数映射得到估计系数；最后对估计系数进行逆变换，即可实现去噪和重建。另一种萎缩方法则不同，它是通过判断系数被噪声污染的程度，并为这种程度引入各种度量方法（例如概率和隶属度等），进而确定萎缩的比例，所以这种萎缩方法又称为比例萎缩。

空域中 NLM 算法和变换域中小波萎缩法效果均较好，而 BM3D 融合了空间域去噪和变换域去噪，从而可以得到最高的峰值信噪比。它先吸取了 NLM 中的计算相似块的方法，然后融合了小波变换域去噪的方法，如图 4-7 所示。

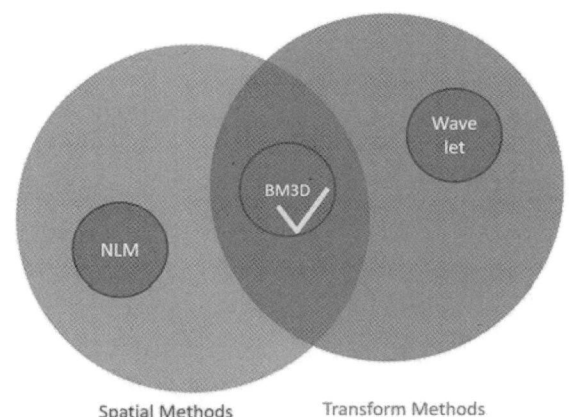

图 4-7　BM3D 融合了空间域去噪和变换域去噪

BM3D 算法总共有两大步骤，分为基础估计和最终估计。在这两大步中，分别又有三小步：相似块分组、协同滤波和聚合。

（1）相似块分组：首先在噪声图像中选择一些相同大小的参照块（考虑到算法复杂度，不用每个像素点都选参照块，通常隔 3 个像素为一个步长进行选取，复杂度降到 1/9），在参照块的周围适当大小区域内进行搜索，寻找若干个差异度最小的块，并把这些块整合成一个 3 维的矩阵。相似块分组示意如图 4-8 所示。

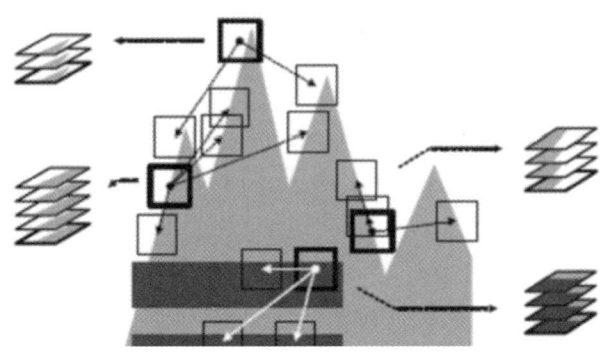

图 4-8　相似块分组原理示意

（2）协同滤波：形成若干个三维的矩阵后，首先将每个三维矩阵中的二维的块（即噪声图中的某个块）进行二维变换，可采用小波变换或 DCT 变换等。二维变换结束后，在矩阵的第三个维度进行一维变换,变换完成后对三维矩阵进行硬阈值处理,将小于阈值的系数置 0,然后通过在第三维的一维反变换和二维反变换得到处理后的图像块,协同滤波原理示意如图 4-9 所示。

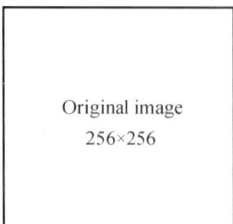

图 4-9　协同滤波原理示意

（3）聚合：此时,每个二维块都是对去噪图像的估计。这一步分别将这些块融合到原来的位置,每个像素的灰度值通过每个对应位置的块的值加权平均,权重取决于置 0 的个数和噪声强度。

最终估计具体的步骤与基础估计基本一样,不同之处有：一处是聚合过程将会得到两个三维数组：噪声图形成的三维矩阵和基础估计结果的三维矩阵。另一处是协同滤波中用维纳滤波（wiener filtering）代替了硬阈值处理。

在白天,以自然光为光源,线偏振图像中能够显示出渗漏油区域的位置。但在夜晚等自然光很弱的条件下,使用普通白色光源照射渗漏油区域,只能在角度恰好满足成像传感器接收到镜面反射的光线时才能分解出足够强的线偏振光以显示渗漏油区域,而在更普遍地接收到漫反射光线情况时,无法很好地显示。实际使用检测设备的过程中,电力用户很难调整出一个包含光源、起偏器、待测目标、检偏器和成像传感器的光路,使得成像传感器恰好接收到镜面反射的光线,此时紫外光检测法就提供了一个简单可行的技术思路。

在白天（自然光充足）条件下,线偏振图像中渗漏油区域明亮,可使用基于偏振成像的方法计算渗漏油区域；在夜晚（自然光较弱）条件下,线偏振图像不足以突显渗漏油区域,此时紫外光图像中渗漏油区域较明亮,则可以使用基于紫外成像的方法计算渗漏油区域。本研究根据变压器油的反射偏振特性与紫外荧光特性,提出一种基于偏振图像与紫外图像的渗漏油检测方法,该方法步骤如下：

第一步,准备待检测图像。使用偏振光图像时,要对采集到的偏振光图像进行线偏振分解,如果使用的是紫外光图像,则直接进入下一步骤。

第二步,滤波去噪。得到线偏振图像或紫外光图像后,使用双边滤波算法对图像滤波去噪。双边滤波算法的原理是在空间域和像素范围域对滤波窗口中的像素进行加权,然后求和取平均得到滤波结果。双边滤波算法的公式如下：

$$I_p = \frac{1}{k_p}\sum_{q\in\Omega}I_q f(\|p-q\|)g(\|I_p-I_q\|) \tag{4-10}$$

式中，p 为待滤波图像中的一个像素点，Ω 为像素点 p 的领域，q 为像素点 p 邻域 Ω 中的像素点。f 是空间高斯滤波核函数，g 是像素范围高斯滤波核函数，k_p 是加权求和的归一化因子。双边滤波算法在保留原图像边缘信息的同时也可去除噪声，这在渗漏油区域检测中十分适用，因为无论在渗漏油场景的线偏振光图像还是紫外光图像中，渗漏油区域都是亮度高于其周围的像素区域，渗漏油区域与非渗漏油区域之间有较为明显的分界线，保留原图的边缘信息对于检测渗漏油区域十分重要。

第三步，对滤波去噪后的图像进行阈值分割。考虑到渗漏油区域是线偏振图像或紫外光图像中较亮的像素区域，阈值分割方法能有效分离图像中的亮暗像素。本研究使用大津法（OTSU）将滤波后的图像进行自动二值化处理。大津法的核心思想是类间方差最大化，该方法假设图像像素能够根据一个阈值分割为油像素和非油像素两种类别，其类间方差表示为

$$g = \omega_0 \omega_1 (\mu_1 - \mu_0)^2 \tag{4-11}$$

式中，ω_0 为油像素数占图像总像素数的比例，ω_1 为非油像素数占图像总像素数的比例，μ_0 为油像素的平均灰度，μ_1 为非油像素的平均灰度，g 为两类像素的类间方差。该方法通过不断遍历得到使类间方差 g 最大的灰度阈值 t，此阈值 t 即为所求二值化分割阈值。OTSU 阈值分割方法的计算实现快速简单，且基本不受图像亮度与对比度的影响，在不同光照或光谱条件下都能有较好的阈值分割结果，适用于渗漏油区域检测的场景。

至此可得到渗漏油区域的检测结果图像，基于偏振图像与紫外图像的渗漏油检测方法的流程如图 4-10 所示。

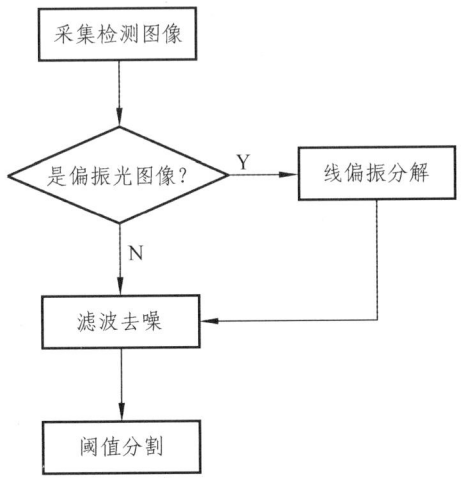

图 4-10 基于偏振图像与紫外图像的渗漏油检测方法流程图

4.1.2 实验结果

实验时使用 65 组不同的渗漏油场景图像，每组图像包含一幅白天拍摄的偏振光图像和一幅夜晚拍摄的紫外光图像。对每组图像分别执行前文所述的三个步骤，对于 65 组的 130 张图像进行检测。基于偏振图像检测渗漏油的实验光路如图 4-11 所示，自然光经渗漏油场景反射产生反射光，再经偏振片形成偏振光，然后被可见光相机采集得到偏振图像。基于紫外图像检测渗漏油的实验光路如图 4-12 所示，使用紫外光源照射渗漏油区域，变压器油发出荧光，同时场景中的物体产生反射光，两种光都被紫外相机采集得到紫外图像。利用前述方法进行处理可得到检测结果。

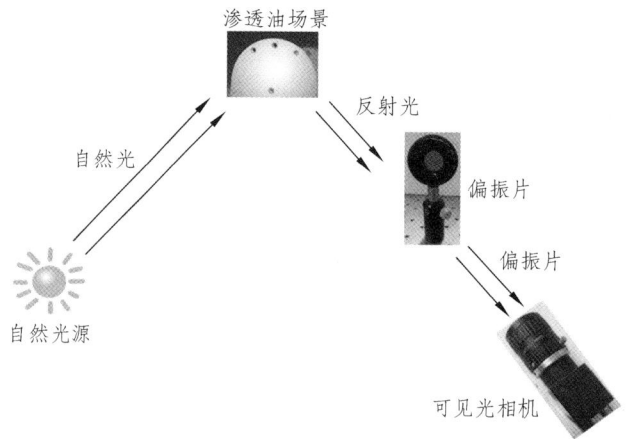

图 4-11 基于偏振图像检测渗漏油的实验光路图

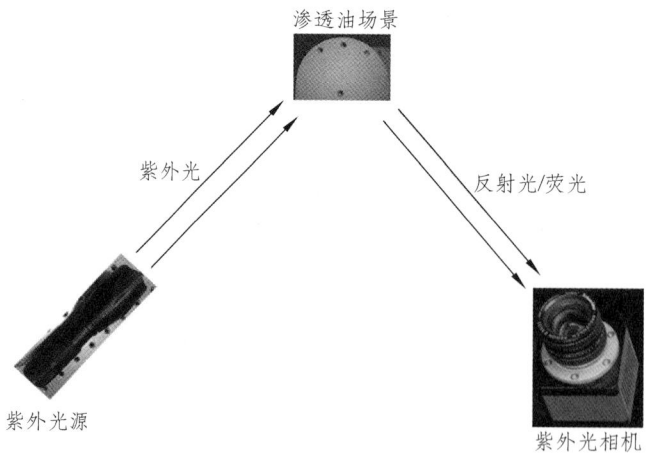

图 4-12 基于紫外图像检测渗漏油的实验光路图

4.1 基于多光谱特征的充油类设备渗漏油识别方法

一组渗漏油场景的检测结果如图 4-13 所示，其中（a）是偏振光图像，（b）分解线偏振光图像，（c）偏振光检测结果图，（d）是紫外光图像，（e）是紫外光检测结果图。整体来看，基于线偏振图像的检测结果和基于紫外图像的检测结果都能显示渗漏油区域的大小和位置，但偏振检测的效果更好，下面进行客观指标实验。

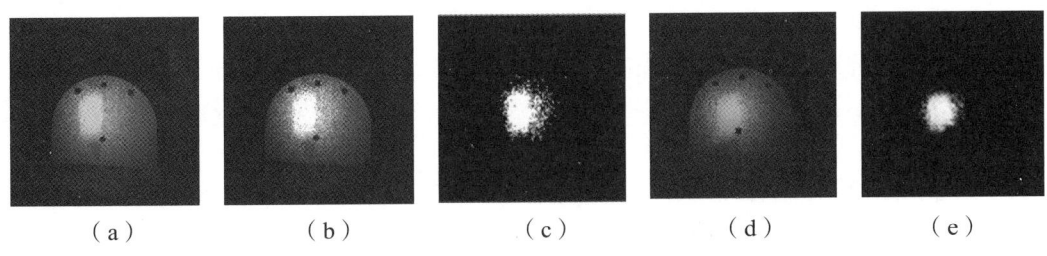

（a） （b） （c） （d） （e）

图 4-13 一组渗漏油场景的检测实验结果图

参考分类领域的精确率与召回率，设置检测结果评价指标检准率与检全率：

$$AC = \frac{TP}{TP+FP} \tag{4-12}$$

$$RE = \frac{TP}{TP+FN} \tag{4-13}$$

在式（4-12）与式（4-13）中，TP 为实际渗漏油区域中所检测到的像素数量，FP 为实际非渗漏油区域中检测的渗漏油的像素数量，FN 为实际渗漏油区域中检测为非渗漏油的像素数量，AC 为检准率，RE 为检全率。表 4-1 展示了测试集结果的检准率和检全率，表中数据为所有测试集结果的平均值。

表 4-1 本节所提出的渗漏油检测方法的检准率和检全率

方　法	AC	RE
基于偏振图像的方法	0.995 1	0.917 1
基于紫外图像的方法	0.998 7	0.856 3

从表 4-1 中可以看出，无论是基于偏振图像还是基于紫外图像，本方法的渗漏油检准率均比较高，整体检准率在 95% 以上。相比检准率，在检全率指标上两种方法性能均有所下降，这是因为在经过阈值分割后，图像中的一小部分渗漏油区域像素点会被分割到非渗漏油区域。基于紫外图像的方法检全率下降程度更加严重，这是因为紫外图像中的渗漏油区域比线偏振图像更不明显。尽管如此，方法整体的渗漏油检全率在 85% 以上，可满足电力人员对设备渗漏油检测的准确性要求。

4.2 充油类设备渗漏油量估算方法

充油类设备渗漏油量估算是在执行完渗漏油检测模块后,根据可见光相机、紫外光相机图像和检测结果图像进行渗漏油区域的面积估算,辅助电力用户评估渗漏油的严重程度。该方法的主要流程如下:

(1)对可见光相机和紫外相机的内参数进行标定,并测量两个相机图像的基线宽度。

(2)对同时拍摄的双相机图像使用双目立体视觉算法计算场景特征点到相机光心的平均深度 Z。

(3)对多光谱图像融合模块计算出的阈值分割图像进行处理,记渗漏油区域的像素集合为 T,若像素 $p \in T$,则被赋予一个标记,将图像按像素遍历,计算含有标记的像素数记为 c,即目标区域的像素数目为 c。由相机成像模型:

$$S_\mathrm{t} = \frac{Z}{f} \cdot S_\mathrm{d} \tag{4-14}$$

式中,S_t 为单个像素对应的真实区域面积,S_d 为单个像素的面积,f 为相机的焦距。

(4)计算渗漏油区域的面积。在标定得到的相机内参数矩阵中可以提取参数 f_x 和 f_y,根据相机内参数和像素面积的关系有

$$f_x = \frac{f}{\mathrm{d}x} \tag{4-15}$$

$$f_y = \frac{f}{\mathrm{d}y} \tag{4-16}$$

$$S_\mathrm{d} = \mathrm{d}x \cdot \mathrm{d}y \tag{4-17}$$

式中,$\mathrm{d}x$、$\mathrm{d}y$ 为像素物理尺寸,由式(4-14)~式(4-17)可得

$$S_\mathrm{t} = \frac{Z}{f} \cdot \frac{f}{f_x} \cdot \frac{f}{f_y} = \frac{Z \cdot f}{f_x f_y} \tag{4-18}$$

将目标区域像素个数 c 代入式(4-18),即可估算出目标区域的面积 S:

$$S = \frac{Z \cdot f}{f_x f_y} \cdot c \tag{4-9}$$

渗漏油区域面积估算的流程如图 4-14 所示。

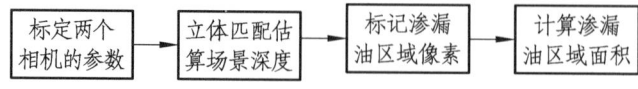

图 4-14 渗漏油区域面积估算流程图

5 便携式多光谱渗漏油检测仪器设计

5.1 系统需求与整体概况

从应用层面来看，目前针对电力充油设备的检测和评估手段仍通过肉眼判断，大量依靠电力人员的经验，在电力安全规范要求的距离下很难观测到渗漏油初期的情况，这说明目前所设计出的渗漏油检测设备的实用性差。从实用角度出发，电力人员对渗漏油检测成像设备提出了以下几点需求：

（1）便捷实时。因为变电站场景情况复杂，在电力巡查时该设备要具有便携的特点，尽量能够一个人移动、使用，遵循电力安全规范，能够在 5~8 m 以外的距离实时检测到渗漏油。

（2）适用性强。电力设备渗漏油会发生在其运行的任何时候，故无论在白天还是夜晚，电力巡查时都需要有效地检测到渗漏油情况，检测方法不能受环境光照、时间等因素的限制。

（3）准确率高。电力设备的渗漏油情况比较普遍，如果因准确率低导致漏检的情况发生，不能及时处理会造成严重的安全隐患；而发生误检也会错误引导电力人员排查故障，浪费大量的人力物力。

（4）结果直观。根据检测的结果，电力人员要能够快速准确地判断渗漏油发生的位置和发生的严重程度，从而采取对应级别的治理办法，这样才能最大程度地节约资源。

长期以来，电力人员在变电站生产过程中受到渗漏油排查流程复杂、排查操作危险等问题的困扰，目前的渗漏油检测设备无法兼顾准确性与普适性，因此，迫切需要一种满足上述要求的便携式成像设备，辅助电力人员完成渗漏油的检测评估。

本章从上述要求出发，设计了一种针对电力设备渗漏油的多光谱渗漏油检测样机，能由单人操作移动，在不受光照条件影响的情况下，准确快速地检测到渗漏油情况，估算出渗漏油区域的面积，并直观呈现出检测结果。检测样机系统主要包含 6 个功能模块：图像采集模块、渗漏油检测模块、渗漏油区域面积估算模块、多光谱图像融合模块、渗漏油场景三维重建模块和显示与交互模块。检测样机系统结构如图 5-1 所示。检测样机实物如图 5-2 所示，其中（a）为整体外观，（b）为内部模块示意图。

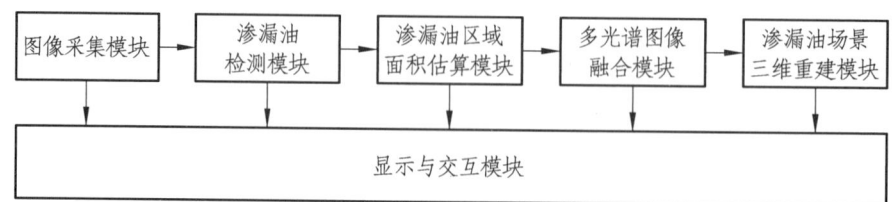

图 5-1　便携式多光谱渗漏油检测样机系统结构图

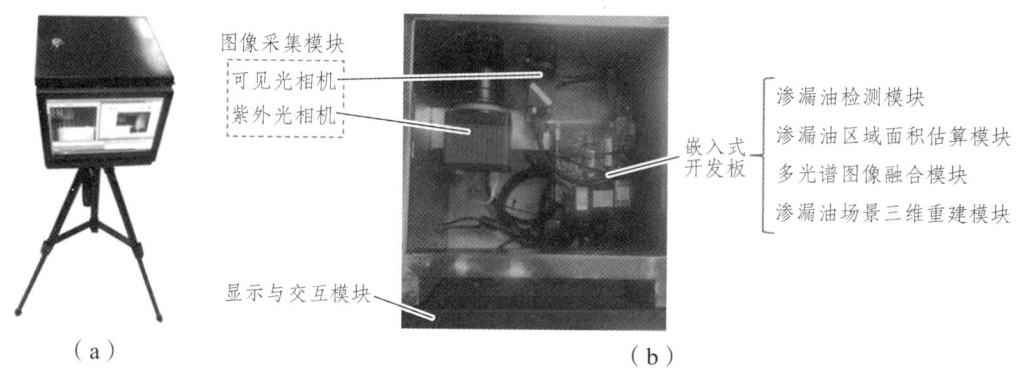

图 5-2　便携式多光谱渗漏油检测样机实物图

图像采集模块用于采集渗漏油场景的偏振/可见光图像以及紫外光图像，主要由一台可见光相机和一台紫外光相机构成。渗漏油检测模块、渗漏油区域计算模块、多光谱图像融合模块和渗漏油场景三维重建模块集成于嵌入式开发板中，这四个模块会对采集到的图像进行计算处理，实现其模块名对应的功能。显示与交互模块是将其他模块输出的视觉效果部分通过液晶屏幕显示，并提供电力人员与检测样机系统人机交互的功能，显示功能的逻辑和交互控制部分是在嵌入式开发板上用 Qt 工具开发实现的，图像采集模块、显示与交互模块通过 USB 接口连接至开发板，以保证数据的流通。因为电力人员对检测设备提出了便携实时的要求，因此渗漏油检测模块要考虑到为满足便携条件则检测样机运算资源有限的情况，于是使用第 4.1 节的检测方法来满足便携实时的要求。多光谱图像融合模块使用第 3.2 节的方法，此处不再赘述。以下主要介绍图像采集模块、渗漏油区域面积估算模块、渗漏油场景三维重建模块和显示与交互模块的功能及实现方式。

5.2 图像采集模块

图像采集模块主要包含两个部分：一台可见光相机和一台紫外光相机。偏振光与可见光图像通过同一台可见光相机采集，在采集偏振光图像时，在相机镜头前放置可旋转的偏振滤光片，偏振片由马达驱动分时旋转，在采集可见光图像时，取下即可。

偏振光/可见光图像采集模块首先需要连接相机，读取相机的信息存储卡，验证相机的功能，测试图像、视频的输入、输出等接口。设置相机的工作模式时，一般设置为连续工作模式让相机实时采集图像，在手动操作情况下还可以设置为单帧采集工作模式。必要情况下还可以设置相机的分辨率、帧率、视频帧格式、曝光时间、白平衡、最大保存帧数等参数。设置完成后开始采集图像。本样机实际使用的是 FLIR BFS-U3-32S4C 可见光相机，在软件开发时调用其 Spinnaker 接口完成相机的连接和初始化操作。

采集几帧图像即可用于渗漏油检测和图像融合，而场景的三维重建则需要采集实时视频。视频开始采集前同样需要连接相机和设置相机的参数，然后在内存中请求缓存视频帧的空间，这部分内存空间被映射到采集程序中的帧缓冲区，使得图像采集模块的后续模块能实时对视频帧内存进行操作。此时可开始采集视频，带有视频信息的数据流入帧缓冲区，程序会将帧数据移入设定完成的输出队列，其他模块从队列中读取并处理视频帧，然后队列数据移动，队满则将最早的帧移出。通过这种缓冲区结合队列的形式，整个系统可以连续处理视频数据。采集结束后将释放缓冲区，停止采集。偏振/可见光视频、图像采集流程如图 5-3 所示。

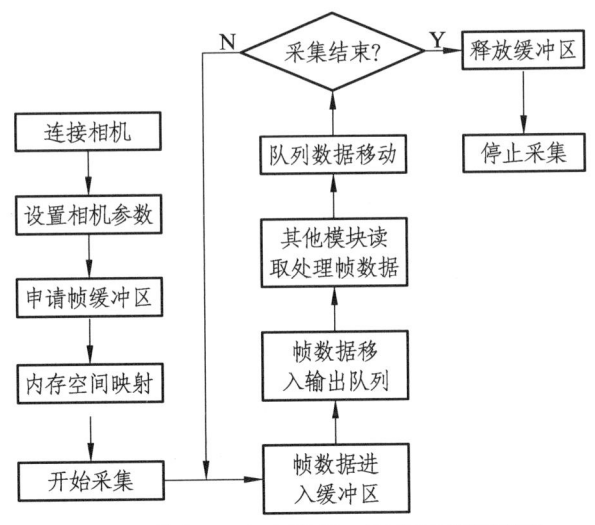

图 5-3 偏振/可见光视频、图像采集流程图

紫外光图像采集与偏振/可见光图像采集的流程几乎相同，只是采集传感器使用紫外光相机，本样机使用的是 PCO Panda UV 紫外相机，软件开发时调用其 Camware 接口完成相机的连接和初始化。

考虑到后续检测、面积估算等模块需要多光谱相机采集同一时间的场景图像，因此需要在图像采集模块中使用多相机同步技术。处于触发模式下的多光谱相机进入准备状态，只有在获取触发信号后，才开始曝光和输出图像。触发模式可采用软件触发和硬件触发两种方式。当前的工业相机大多具有千兆以太口等高速接口，可以与计算机直接进行通信，将数字图像数据直接传输到计算机，一般不再需要图像采集卡等辅助设备。计算机也可以通过这些接口直接控制相机的拍摄动作，这种控制方式一般均通过软件方式进行。

相机软件触发依靠相机内部自触发功能实现相机图像的获取，很大程度上避免了外界环境对触发硬件的影响，同时也不需要额外为触发硬件设置安装控件，常用于不便使用硬件触发的环境中。通过调用相机的动态链接库和 SDK 进行编程，对多个多光谱相机产生上升沿的触发信号，可以实现对多相机的同步触发。

但当前计算机的操作系统一般都是多任务的操作系统，程序的调度执行由操作系统决定，受到计算机中同时运行的其他进程的影响，软件触发多光谱相机拍照的时刻不能由计算机运行的软件精确控制，容易造成不同相机的拍摄时间产生差异，尽管这个时间差可能比较小，但也会造成最终测量结果的误差，不适合应用于对测量精度要求较高或工件运动速度较快的场景。

实现多个多光谱相机硬件方式的同步控制，其触发模式有边沿触发和电平触发两种模式。边沿触发模式的特点是在每个有效边沿（可选择设置上边沿触发或者下边沿触发）完成一次触发，只输出一帧有效图像。而在电平触发模式下，只要触发信号有效（可设置为高电平或低电平触发条件），多光谱相机可以一直处于图像采集状态。

可以选择 PCI、PLC 或单片机对多相机进行同步控制。其中，PCI 结构设计简单，即插即用，当把板卡插入 PC 系统时，PC 系统自动实现对板卡所需资源的分配，不再需要复杂的手动配置，能实现驱动程序的自动寻找。通过其继电器的输出功能实现 I/O 接口的开闭，为各多光谱相机的同步触发提供上升沿触发信号。PLC 能适应各种复杂环境，具有强大的内部处理和逻辑能力；且 PLC 控制系统维修便利，耐用性强，使用寿命可达数万小时；通过循环运行内部用户程序，对 I/O 接口进行刷新，实现 I/O 接口的输入与输出。相比于 PCI 和 PLC，单片机虽然具有更高集成度、体积小、高可靠性、高性价比等优点，然而由于单片机输出电压远低于多光谱相机外触发所需电压，因此必须设计制作与检测系统相适应的电路以满足多光谱相机外触发的需要。通过硬件实现的多光谱相机外触发，可以使两个多光谱相机的图像捕捉时间差非常稳定。

一种多光谱相机同步控制拍摄装置包括：可编程逻辑器件 CPLD 芯片，多路相机接口电路，通信接口电路，时钟电路，电源电路，CPLD 编程电路等。

通信接口电路包括：RS232 通信接口电路、RS485 通信接口电路和 USB 接口电路。可编程逻辑器件 CPLD 芯片可通过 RS232 接口电路与近距离设置的计算机实现异步串行通信，通过 RS485 通信接口电路与远距离设置的计算机实现通信，通过 USB 接口电路实现与计算机的通信。

可编程逻辑器件 CPLD 芯片的相机控制指令输出接口与多路多光谱相机接口电路的控制指令输入接口连接，通过多路多光谱相机接口电路分别与多台多光谱相机的 I/O 接口连接，为多台多光谱相机提供拍摄触发信号，实现同步拍摄。

电源电路包括滤波电路、稳压电路、为装置提供 +5 V 和 +3.3 V 的直流电源。时钟电路为 CPLD 芯片提供工作时钟。

在接收到计算机发来的控制指令后，模块首先对指令进行解析，然后根据指令生成相应的多光谱相机控制信号，并通过多光谱相机接口输出到多光谱相机，完成动作后向计算机发送反馈消息。

CPLD 一般处于等待接收控制字状态；当检测到相应信号时，开始接收控制字；接收命令结束后，对命令字进行解析；若命令字合法则执行相应控制动作，向相应相机发出拍摄控制信号，该过程执行结束后向计算机发送执行成功的反馈信息；若命令字不合法则向计算机发送接收失败的反馈信息；发送反馈信息结束后，本次通信过程结束，回到等待控制字状态。

多相机同步曝光控制的软件设计包括两个函数：多相机曝光信号识别函数和多相机同步曝光控制操作函数。多相机曝光信号识别函数中，首先通过单片机判断测量平台控制装置是否发出相机曝光控制信号。程序实现是通过对单片机曝光控制信号端口的扫描，判断是否有高低电平的变化，如果有电平变化，则表示检测到曝光控制信号，完成多相机曝光信号的识别检测。多相机同步曝光控制操作函数实现的是：程序通过控制单片机写入高电平，实现控制多个光耦继电器的导通，完成多相机同步曝光控制信号的操作程序。具体程序流程：多相机同步曝光控制模块上电后，单片机首先进行初始化，随后程序进入多相机曝光信号识别函数，检测测量平台控制装置是否发出相机曝光信号，如果单片机检测到曝光信号，则执行多相机同步曝光控制操作函数，完成多台相机的同步曝光，最后返回到多相机曝光信号识别函数中，继续等待下次相机曝光信号的进入。

时间同步校验装置是控制板中时间记录与时间校验的模块，是关于时间信息的核心模块，它将时间接收机接收到的时间信息经串口传输到主控板中，主控板通过接收到的时间信息校正实时时钟芯片上的时间信息。时间信息的精确度越高，后期时间数据的处理越便捷，因此对于系统的数据处理，精确的时间信息是至关重要的。

多光谱多相机系统中往往采用实时时钟芯片为系统提供时间信息，单纯依靠实时时钟芯片的时间信息通常不能够记录当天的准确时间，只能够记录相对时间，且时间记录有误差，随着系统工作时间的增加，系统的时间误差会越来越大。对于长时间工作的系统来说，时间的误差太大，无法满足精确测量的需求。

在测量系统中，为了使系统具有实时性，需由时钟电路给系统提供时钟信号。实时时钟是指可以像时钟一样输出实际时间的电子设备。系统中的实时时钟以石英晶体谐振器为其时脉的来源。这种芯片体积小，且片内均含 RAM，可增加系统的 RAM，它们具有较易操作的时钟校准功能，停电时只需对时钟电路单独供电即可保证其功能的延续性。

在设计中，时间接收系统与时间同步校验装置需要不断地进行数据传输，这种信息的交换和传输通过通信接口进行。常用的通信方式包括并行通信和串行通信。并行通信是一次数据传输量为 s 位；串行通信是将数据逐位传送。并行通信虽然可以在一次数据传输中传送 s 位，但在传送的过程中，容易因为线路因素使得电压基准位发生变化（常见的是电压衰减问题，以及信号间的相互干扰等问题），因而使得传输的数据发生错误，如果传输线较长，则电压衰减问题和信号间互相干扰问题会更加明显，常常会发生数据错误。相比之下，串行通信一次只传输 1 位，且因它处理数据的电压只有一个基准位，数据不易丢失，采取某些防范措施后，可使数据漏失的概率降到最低。

5.3　渗漏油区域面积估算模块

实现本模块功能首先需要对多相机进行标定。相机的内参数标定可以使用张正友标定法，流程如图 5-4 所示。其主要流程：打印一张棋盘格标定板（后续标定过程要已知标定板的规格），用相机从不同角度拍摄标定板若干张图像（15~20 张为宜），检测出图像中的特征点，求解无畸变理想情况下的相机内参数和外参数并使用极大似然估计提升精度，之后应用最小二乘法求出实际的径向畸变系数，综合内参数、外参数和畸变系数，再次使用极大似然估计提升精度，至此完成相机的内参数标定。

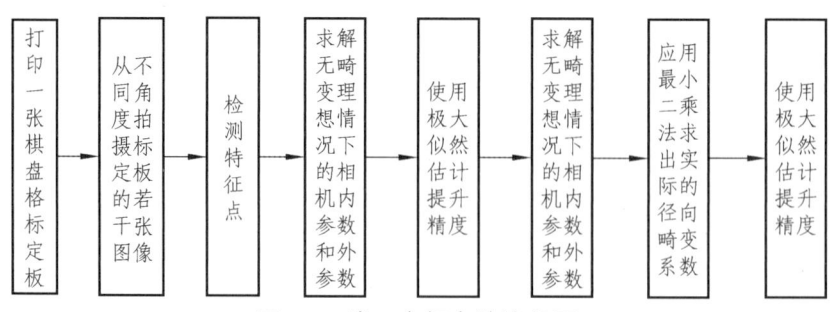

图 5-4　张正友标定法流程图

5.3 渗漏油区域面积估算模块

通过摄像机标定技术得到摄像机的内部参数,并且利用立体图像匹配得到匹配点集后,即可计算基本矩阵和本质矩阵,进而可得到两个摄像机之间的相对位置关系,确定深度图像并恢复场景的三维坐标信息。本章设计了编码元和非编码元,实现特征点的匹配,利用第三章标定得到的相机内参数,进行相机姿态恢复和三维空间点的重建。三维空间点的重建是进行曲线和曲面重构的基础。

空间变换描述的是空间几何从一种状态按照一定的原则转换到另一种状态。一般情况下,人们总是在欧氏空间下描述物体。但从几何学的角度,三维空间可以划分为四个空间层次,按照空间变换的复杂性,从简单到复杂依次为射影空间、仿射空间、比例空间和欧氏空间。每个空间中的几何变换相应为射影变换、仿射变换、比例变换和欧氏变换。

四个空间层层包含,如图 5-5 所示满足内层空间(如欧氏空间)的几何关系变换必定在外层空间(如比例空间)同样满足。按照群论的思想,内层空间是外层空间的一个子群。将各个空间联系起来的是各自对应的几何不变量。所谓几何不变量是指对某一几何集合中所定义的所有变换均不改变的几何属性。

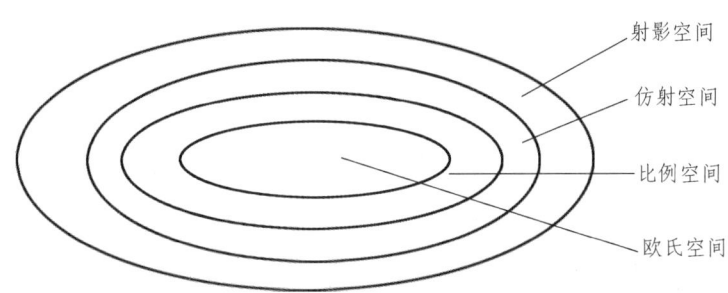

图 5-5 四个空间的包含关系

首先介绍齐次坐标,所谓齐次坐标表示法,就是由 $n+1$ 维矢量表示一个 n 维矢量,n 维空间中点的位置矢量用非齐次坐标表示时,具有 n 个坐标分量 $(\overline{P}_1, \overline{P}_2, \cdots, \overline{P}_n)$,且是唯一的。若用齐次坐标表示时,此矢量有 $(n+1)$ 个坐标矢量 $(h\overline{P}_1, h\overline{P}_2, \cdots, h\overline{P}_n, h)$ 且不唯一。普通的或"物理的"坐标与齐次坐标的关系为一对多,若二维点 (x,y) 的齐次坐标表示为 (hx, hy, h),则 $(h_1 x, h_1 y, h_1)$,$(h_2 x, h_2 y, h_2)$,$\cdots$,$(h_m x, h_m y, h_m)$ 均表示二维空间点中同一点 (x,y) 的齐次坐标。类似地,对于三维空间中坐标点的齐次坐标表示为 (hx, hy, hz, h)。齐次坐标表示的优越性主要有以下两点:

(1)提供了用矩阵运算把二维、三维甚至高维空间点中的一个点集从一个坐标系变换到另一个坐标系的有效方法。

(2)可以表示无穷远点。例如,$n+1$ 维中,$h=0$ 的齐次坐标实际上表示了一个 n 维的无穷远点。对二维的齐次坐标 $[a, b, h]$,当 h 趋近于 0 表示 $ax+by=0$ 的直线,即

在 $y = -(a/b)x$ 上的连续点 $[x, y]$ 逐渐趋近于无穷远,但其斜率不变。在三维情况下,利用齐次坐标表示视点在原点时的投影变换,其几何意义更加清晰。

射影变换(projective transformation)是一个最为广义的线性变换。一维射影变换如图 5-6 所示,过 O 点的直线束分别交直线 L_1 与 L_2 于 A、B、C、D 和 A'、B'、C'、D'。对于 L_1 上的任意一点,例如点 A 总可在 L_2 上找到与其对应的点 A',A' 为 OA 射线与 L_2 的交点。当 OA 与 L_2 平行时,则定义 OA 与 L_2 的交点 A' 为 L_2 上的无穷远点。实际上这种几何关系给出了 L_1 和 L_2 之间的一一对应的变换,称之为一维中心射影变换。同样,L_2 上的点列 A'、B'、C'、D' 又可通过另一点 O' 为中心的一维中心射影变换为 L_3 上的点列 A''、B''、C''、D''。以上两个中心射影变换的积表示了 L_1 到 L_3 之间的变换关系,于是称由有限次中心射影变换的积定义的两条直线间的一一对应变换为一维射影变换。

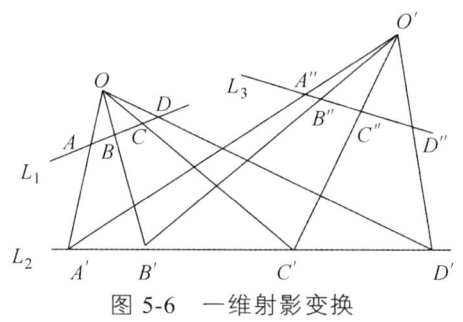

图 5-6 一维射影变换

n 维射影空间的射影变换可以用代数表示为 $\lambda x' = \boldsymbol{H}_p x$,其中 λ 为一比例因子,x 与 x' 分别为变换前后空间点的齐次坐标,$\boldsymbol{x} = (x_0, x_1, \cdots, x_n)^\mathrm{T}$,$\boldsymbol{x}' = (x'_0, x'_1, \cdots, x'_n)^\mathrm{T}$,$\boldsymbol{H}_p$ 为满秩的 $(n+1) \times (n+1)$ 矩阵。射影变换由 $\boldsymbol{H}_p$ 矩阵决定,矩阵 $\boldsymbol{H}_p$ 有 $(n+1)^2$ 个参数,但 $\boldsymbol{H}_p$ 和 $k\boldsymbol{H}_p$ 表示同一变换(因等式两边都是齐次坐标),故 $\boldsymbol{H}_p$ 的独立参数为 $(n+1)^2 - 1$。

以一维射影空间的射影变换为例写出上述变换:

$$\lambda \begin{bmatrix} x'_0 \\ x'_1 \end{bmatrix} = \begin{bmatrix} m_{00} & m_{01} \\ m_{10} & m_{11} \end{bmatrix} \begin{bmatrix} x_0 \\ x_1 \end{bmatrix} \tag{5-1}$$

由上式得

$$\begin{cases} \lambda x'_0 = m_{00} x_0 + m_{01} x_1 \\ \lambda x'_1 = m_{10} x_0 + m_{11} x_1 \end{cases} \tag{5-2}$$

将两式相除,并取

5.3 渗漏油区域面积估算模块

$$\overline{x}' = x_0'/x_1', \quad \overline{x} = x_0/x_1 \tag{5-3}$$

得到变换前后点的非齐次坐标的关系：

$$\overline{x}' = \frac{m_{00}\overline{x} + m_{01}}{m_{10}\overline{x} + m_{11}} \tag{5-4}$$

由上式可知，射影变换中用非齐次坐标表示的变换关系是非线性的。一般的，n 维射影变换的矩阵等式中包含了 $(n+1)$ 个方程，消去 λ 后，得到变换前后非齐次坐标的 n 个方程。

在三维射影空间，射影变换矩阵 $\boldsymbol{H}_p$ 可以表示为

$$\boldsymbol{H}_p = \begin{bmatrix} p_{00} & p_{01} & p_{02} & p_{03} \\ p_{10} & p_{11} & p_{12} & p_{13} \\ p_{20} & p_{21} & p_{22} & p_{23} \\ p_{30} & p_{31} & p_{32} & p_{33} \end{bmatrix} \tag{5-5}$$

在这里 $\boldsymbol{H}_p$ 为 4×4 可逆矩阵，它有 16 个参数，但可用一个非零的比例因子归一，因此有 15 个自由度。对于射影变换，有一个基本的不变量，称为交比不变量。若 A、B、C、D 为直线 L_1 上任意四点，则下式定义的 R 称为交比（cross ratio）：

$$R(A,B,C,D) = \frac{AC}{BC} : \frac{AD}{BD} \tag{5-6}$$

AC（或 BC、CD、BD）可以理解为两点间的距离，在射影坐标下为射影坐标的差，交比不变即若存在射影变换将直线 L_1 变换到 L_2，A、B、C、D 为直线 L_1 上任意四点，A'、B'、C'、D' 为它们在 L_2 上的对应点，则 $R(A,B,C,D) = R(A',B',C',D')$。

仿射变换（affine transformation）是射影变换的特例，是一类重要的线性几何变换。在射影变换中，当射影中心平面变为无限远处时，射影变换变成了仿射变换。以一维仿射变换为例写出上述变换：

$$\lambda \begin{bmatrix} x_0' \\ x_1' \end{bmatrix} = \begin{bmatrix} m_{00} & m_{01} \\ 0 & m_{11} \end{bmatrix} \begin{bmatrix} x_0 \\ x_1 \end{bmatrix} \tag{5-7}$$

进而得到

$$\begin{cases} \lambda x_0' = m_{00}x_0 + m_{01}x_1 \\ \lambda x_1' = m_{11}x_1 \end{cases} \tag{5-8}$$

将以上两式相除得到变换前后点的非齐次坐标的关系

$$\overline{x}' = \frac{m_{00}\overline{x} + m_{01}}{m_{11}} \tag{5-9}$$

可以看出用非齐次坐标表示的射影变换为非线性变换，而仿射变换为线性变换。在三维仿射空间，仿射变换矩阵可以表示为

$$\begin{bmatrix} x'_0 \\ x'_1 \\ x'_2 \end{bmatrix} = \begin{bmatrix} a_{00} & a_{01} & a_{02} \\ a_{10} & a_{11} & a_{12} \\ a_{20} & a_{21} & a_{22} \end{bmatrix} \begin{bmatrix} x_0 \\ x_1 \\ x_2 \end{bmatrix} + \begin{bmatrix} a_{03} \\ a_{13} \\ a_{23} \end{bmatrix} \tag{5-10}$$

用齐次坐标，上式可重新写成

$$\lambda x' = \boldsymbol{H}_A x \tag{5-11}$$

其中仿射变换矩阵 $\boldsymbol{H}_A$ 可以表示为

$$\boldsymbol{H}_A = \begin{bmatrix} a_{00} & a_{01} & a_{02} & a_{03} \\ a_{10} & a_{11} & a_{12} & a_{13} \\ a_{20} & a_{21} & a_{22} & a_{23} \\ 0 & 0 & 0 & 1 \end{bmatrix} \tag{5-12}$$

因此，仿射变换矩阵有 12 个自由度。在仿射变换下也保持交比不变。

比例变换（metric transformation）是带有一个比例因子的欧氏变换，在三维比例空间其变换形式可表示为

$$\begin{bmatrix} x'_0 \\ x'_1 \\ x'_2 \end{bmatrix} = \delta \begin{bmatrix} r_{00} & r_{01} & r_{02} \\ r_{10} & r_{11} & r_{12} \\ r_{20} & r_{21} & r_{22} \end{bmatrix} \begin{bmatrix} x_0 \\ x_1 \\ x_2 \end{bmatrix} + \begin{bmatrix} t_{00} \\ t_{10} \\ t_{20} \end{bmatrix} \tag{5-13}$$

其中，由 r_{ij} 组成了一个正交矩阵，它是一旋转矩阵，有 3 个自由度。用齐次坐标上式可写成 $\lambda x' = \boldsymbol{H}_M x$，其中比例变换矩阵 $\boldsymbol{H}_M$ 可以表示为

$$\boldsymbol{H}_M = \begin{bmatrix} \delta r_{00} & \delta r_{01} & \delta r_{02} & t_{00} \\ \delta r_{10} & \delta r_{11} & \delta r_{12} & t_{10} \\ \delta r_{20} & \delta r_{21} & \delta r_{22} & t_{20} \\ 0 & 0 & 0 & 1 \end{bmatrix} \tag{5-14}$$

其中 δ 是比例因子，又称为缩放因子。因此，比例变换有 7 个自由度，其中 3 个旋转、3

个平移和 1 个比例因子。比例变换不改变物体空间的形状，只改变大小，因此，有时将比例变换称为相似变换。

欧氏变换（euclidean transformation）是在欧氏空间中进行的变换，类似于比例变换，只是比例因子取为 1。欧氏变换有 6 个自由度，其中 3 个旋转、3 个平移。在三维欧氏空间其变换形式可表示为

$$\begin{bmatrix} x'_0 \\ x'_1 \\ x'_2 \end{bmatrix} = \delta \begin{bmatrix} r_{00} & r_{01} & r_{02} \\ r_{10} & r_{11} & r_{12} \\ r_{20} & r_{21} & r_{22} \end{bmatrix} \begin{bmatrix} x_0 \\ x_1 \\ x_2 \end{bmatrix} + \begin{bmatrix} t_{00} \\ t_{10} \\ t_{20} \end{bmatrix} \quad (5\text{-}15)$$

其中，由 r_{ij} 组成了一个正交矩阵，它是一旋转矩阵，该矩阵有 3 个自由度。用齐次坐标上式可写成 $\lambda x' = \boldsymbol{H}_E x$，其中欧氏变换矩阵 $\boldsymbol{H}_E$ 可以表示为

$$\boldsymbol{H}_E = \begin{bmatrix} r_{00} & r_{01} & r_{02} & r_{00} \\ r_{10} & r_{11} & r_{12} & r_{10} \\ r_{20} & r_{21} & r_{22} & r_{20} \\ 0 & 0 & 0 & 1 \end{bmatrix} \quad (5\text{-}16)$$

欧氏变换代表了在欧氏空间中的刚体运动。

从上述变换过程看，仿射变换是射影变换的特例，比例变换是仿射变换的特例，而欧氏变换又是比例变换的特例。

两视图几何（two-view geometry）是两幅视图间内在的投影几何关系。它独立于景物结构，只依赖于相机的内部参数和两幅视图之间相机的相对姿态（relative pose）。两个相机之间的相对姿态可由平移向量 $\boldsymbol{t} = (C_l - C_r)$ 及正交旋转矩阵 $\boldsymbol{R}$ 定义的刚体变换来表示，如图 5-7 所示，给定三维空间中的一个点 P，P_l，P_r 分别为点 P 在左、右相机坐标系下的坐标，则 P_l，P_r 之间存在以下关系：

$$P_r = R(P_l - t) \quad (5\text{-}17)$$

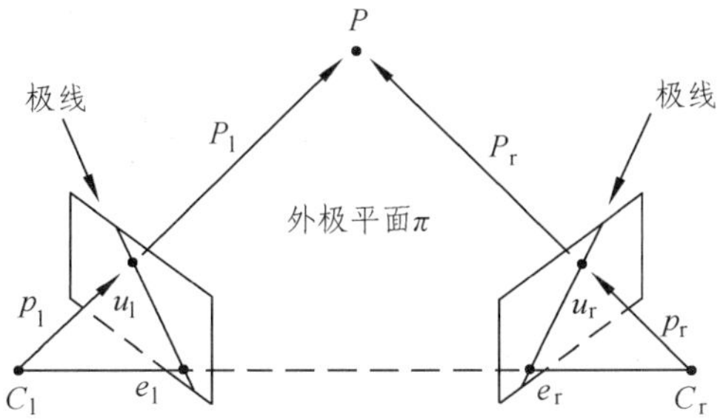

图 5-7 两视图几何

两视图几何也称为对极几何（epipular gcometry），实质上，它是图像平面与以基线（连接两相机中心的直线）为轴的平面束的交线所构成的几何关系。假设 P_l、P_r 分别为空间点 P 在左、右两幅视图上的像点。从图 5-7 可以看出，像点 P_l 和 P_r、空间点 P 和相机中心是共面的，该平面二称为对极平面（epipolar plane）。显然，从 P_l 和 P_r 反向投影的射线（连接相机中心、空间点及其像点的直线）相交于空间点 P，因而这两条射线共面并在对极平面 π 上。对极平面 π 与左、右视图各有一条交线 u_l 和 u_r，在搜索点对应时这一性质非常重要。假设只知道空间点 P 对应在左视图上的像点为 P_l，则它对应在右视图上的像点 P_r 无须到整幅图像上搜索。基线与由 P_l 反向投影的射线确定了对极平面 π，由于点 P_r 一定位于对极平面上，因而它一定位于交线 u_r 上，理论上只需要在该直线上搜索 P_r 即可。当然，由于误差的影响，实际匹配时一般需选择直线 u_r 附近的区域进行一维相关匹配。这里 u_r 称为像点 P_r 对应在右视图中的对极线（epipolar line），同理 u_l 称为像点 u_l 对应在左视图中的对极线。同一幅图中所有的对极线都会相交于一点，该点是基线与像平面的交点，称为该图像的对极点（epipole），如图 5-7 所示的 e_l 和 e_r。等价地，对极点是在一幅视图中另一个相机中心的像。

基本矩阵 F 是对极几何的代数表示。其定义如下：假设两幅图像由中心不重合的相机获得，则基本矩阵 F 是对所有的同名点对 P_l 和 P_r，均满足：

$$p_r^T F p_l = 0 \tag{5-18}$$

F 为秩 2 的唯一的 3×3 齐次矩阵。应该注意：P_l 和 P_r 表示以像素为单位的图像坐系下的像点坐标。

这说明如果像点 P_l 和 P_r 为同名点对，则 P_r 在对应于点 P_l 的对极线 $u_r = F P_l$ 上，即 $0 = P_r^T u_r = P_r^T F P_l$，从而很容易看出，基本矩阵 F 具有以下性质：

（1）$u_r = F P_l$ 是对应于左视图上任意一点 P_l 的对极线。

（2）$u_r = F^T P_l$ 是对应右视图上任意一点 P_r 的对极线。

另外，任何不同于 e_l 的点 P_l 的对极线 $u_r = F P_l$ 包含对极点 e_r。因此对所有 P_l，e_l 均满足 $e_r^T(F P_l) = (e_r^T F) P_l$。从而可推出 $e_r^T F = 0$，即 e_r 是 F 的左零矢量，等价于 $F^T e_r = 0$。同理可得 $F e_l = 0$ 即 e_l 是 F 的右零矢量。

F 矩阵是一个 3×3 齐次矩阵，因而具有 1 个比例因子，8 个独立元素；此外该矩阵秩为 2，即 8 个元素之间存在一个约束条件，故而 F 矩阵具有 7 个自由度。因此至少需要 7 个同名点对计算基本矩阵。

如果已知两个相机的投影矩阵，则基本矩阵也可以直接利用两个相机的投影矩阵进行计算。P_l 和 P_r 分别表示左相机和右相机的投影矩阵，则基本矩阵可以按照以下公式来计算：

5.3 渗漏油区域面积估算模块

$$F = [e_r]_x P_r P_l^+ \tag{5-19}$$

其中，$e_r = (a_1, a_2, a_3)^T$ 表示右视图上的外极点，记号：

$$[e_r]_x = \begin{bmatrix} 0 & -a_3 & a_2 \\ a_3 & 0 & -a_1 \\ -a_2 & a_1 & 0 \end{bmatrix} \tag{5-20}$$

它表示与 e_r 对应的反对称矩阵，P_l^+ 是 P_l 的伪逆，若两个相机的投影矩阵分别为 $p_l = K_l[I|0]$ 和 $P_r = K_r[R|t]$，即以左边相机坐标系作为世界坐标系时，F 矩阵可以表示为

$$F = K_r^{-1}[t]_x R K_l^{-1} \tag{5-21}$$

上式表示了 F 矩阵与左右两相机的内参数及相对姿态之间的关系。

本质矩阵是在归一化图像坐标系下基本矩阵的特殊形式。为叙述方便，首先介绍归一化图像坐标的概念。

相机投影矩阵可以分解为 $P = K[R|t]$ 的形式，并令 $x = PX$ 为图像上的一点，如果知道相机内参数矩阵 K，则

$$\overline{x} = K^{-1} x \tag{5-22}$$

称为图像点 x 在归一化图像坐标系下的坐标。这时

$$\overline{x} = [R|t] X \tag{5-23}$$

可见，像点在归一化图像坐标系下坐标 $\overline{x}$ 和空间点 X 之间的关系由相机外参数决定，与相机内参数无关。

本质矩阵只有 5 个自由度：旋转矩阵 R 和平移向量 t 各有 3 个自由度，但类似于基本矩阵，本质矩阵也是一个齐次量，因此具有一个整体尺度因子，减少一个自由度。本质矩阵减少的自由度数转变为比 F 矩阵满足更多的约束。实质上，一个 3×3 矩阵是本质矩阵的充要条件为它的奇异值中有两个相等而第三个为 0。

本书采用这个充要条件检验 E 矩阵计算是否正确。当然，实际计算中，由于受到噪声等各种因素的影响，E 矩阵的两个奇异值可能不完全相等，会存在极小的差值，因此，可以给定一个很小的范围，若两个奇异值的差值在该范围内变化，则认为 E 矩阵计算正确。

在系统已经标定的前提下，三维重建的关键是要确定左右两幅图像间点的对应关系（point correspondence），即确定左图像中的某个像素点和右图像中的某个像素点对应同

一个空间点,这个过程称为匹配。

一般来说,匹配方法可以分为两类,基于互相关的匹配和基于特征的匹配。基于互相关的匹配一般在一个固定大小的窗口进行搜索,利用一个相似度模型,当两个区域的相似度关系达到最大值时,就认为这两个区域是匹配的,这种方法是通过窗口中像素灰度建立关系进行匹配,这样计算量比较大,与此同时,如果场景中没有丰富的纹理信息,用这种方法实现准确的特征提取会比较困难。区别于基于窗口互相关的匹配,基于特征的匹配的搜索范围是一个离散的特征的集合,通过一个相似度模型,在这个特征集合中找一个能使相似度模型达到极值的特征,作为匹配对象。实践证明,基于特征的匹配与基于互相关的匹配相比,匹配速度快,对环境照明的变化和强光不敏感,受噪声影响小,所以本文采用了基于特征的匹配。

通常所建立的是欧式意义下的世界坐标系,但在某些场合,建立比欧式坐标系更广泛的射影坐标系和仿射坐标系,可能会给问题的研究带来更大的便利。可以将三维欧式重建分解成以下三步:

(1)根据图像对应点得到射影重建,并计算出射影意义下的摄像机投影矩阵;

(2)在射影重建所恢复的射影空间中,确定无穷远平面的位置,把射影空间升级到仿射空间;

(3)在仿射重建的基础上,进一步施加约束,确定绝对二次曲线(面)像的方程并计算出内参数,从而恢复出欧式结构。另一种情况是,在已知射影重建的基础上,直接施加度量约束,也可由射影重建直接升级为欧式重建。

射影重建是令 $X_j = [x_j, y_j, z_j]^T$,$j = 1, \cdots, n$。X_i 是未知 3D 点的坐标向量。j 为标记点的数目;$P_i(i = 1, \cdots, m)$ 是未知的 3×4 图像投影矩阵,i 是图像的幅数;$u_{ij} = (u_{ij}, u_{ij})^T$ 是已知测量的图像点的向量;称非零比例因子 λ_{ij} 为射影深度,对于针孔相机模型,有:

$$\lambda_{ij} \begin{bmatrix} u_{ij} \\ 1 \end{bmatrix} = P_i X_j \quad (5\text{-}24)$$

如果将上式应用到所有的相机和所有的 3D 点,则

$$\underbrace{\begin{pmatrix} \lambda_{11}u_{11} & \lambda_{12}u_{12} & \cdots & \lambda_{1n}u_{1n} \\ \lambda_{21}u_{21} & \lambda_{22}u_{22} & \cdots & \lambda_{2n}u_{2n} \\ \vdots & \vdots & & \vdots \\ \lambda_{m1}u_{m1} & \lambda_{m2}u_{m2} & \cdots & \lambda_{mn}u_{mn} \end{pmatrix}}_{W} = \underbrace{\begin{pmatrix} P_1 \\ P_2 \\ \vdots \\ P_m \end{pmatrix}}_{P} \underbrace{(x_1 \quad x_2 \quad \cdots \quad x_n)}_{X} \quad (5\text{-}25)$$

其中，度量矩阵 W 是 $3m \times n$ 矩阵，P 是 $3m \times 4$ 矩阵，X 是 $4 \times n$ 矩阵。

射影重建的主要目的是在求得摄影深度 λ_{ij} 的情况下，将测量矩阵 W 分解为投影矩阵 P 和 3D 点的坐标 X。

仿射重建的本质是用某些方法定位无穷远平面，因为定位无穷远平面等价于仿射重建，并且这与场景、运动或相机标定有关。

通常情况下，空间中的无穷远面可以表示为 $\pi_\infty = (0,0,0,1)^T$，但射影变换并不会保持该无穷远面不变。因此，在射影空间中，无穷远面可以在任何位置。这时若要将几何结构由射影空间升级至仿射空间，必须求出无穷远面在这个特定的射影空间中的位置。当空间物体的某些几何特性已知时，即可做到这一点。假如 π 是射影空间坐标系下的一个平面，用一个 4 维向量来表示。可以寻找到使 π 映射到 $(0,0,0,1)^T$ 的射影变换。考虑到射影变换对平面作用方式，需要求变换矩阵 H 使得 $H^{-T}\pi = (0,0,0,1)^T$，这样的变换就是

$$H = \begin{bmatrix} I \mid 0 \\ \pi^T \end{bmatrix} \quad (5\text{-}26)$$

事实上，可以直接验证 $H^{-T}(0,0,0,1)^T = \pi$，因此 $H^{-T}\pi = (0,0,0,1)^T$ 就是所需要的，这也是将无穷远平面正确定位的过程。把这个变换 H 作用于所有点和两个相机上，则可实现由射影重建升级为仿射重建。

根据分层重建的方法，三维重建的过程是从射影重建到仿射重建再到欧氏重建。仿射重建的关键是确定无穷远平面，而欧氏重建的关键是确定绝对二次曲线。因为绝对二次曲线 Ω_∞ 是无穷远平面上的一条平面二次曲线，确定绝对二次曲线意味着确定无穷远平面。

假设在仿射重建下，由投影矩阵为 $P = [M \mid m]$ 的相机所摄取的图像是绝对二次曲线。因为绝对二次曲线在无穷远平面上，它的像可以通过无穷单应矩阵从一幅图像转移到另一幅上。其方程表示为：

$$\omega' = H_\infty^{-T} \omega H_\infty^{-1} \quad (5\text{-}27)$$

其中，ω' 是 Ω_∞ 的另一幅图像中的像；对于无穷单应矩阵 H_∞，若已知两个相机 $P = [M \mid m]$ 和 $P' = [M' \mid m']$ 的一个仿射重建，则无穷单应矩阵 $H_\infty = M'M^{-T}$。一般情况下，上式这一组线性方程对 ω 提供了 4 个约束，因 ω 有 5 个自由度，故还不能被完全确定。然而把这些线性方程和由场景正交性或者已知内参数提供的约束结合起来，就可以唯一确定 ω。

多相机姿态确定算法流程如图 5-8 所示。首先根据两幅视图间同名编码元的对应关系，在两视图几何的基础上恢复相机姿态及三维空间点坐标，并采用光束平差法优化两

组相机参数及编码元三维坐标。然后，根据所获得的三维空间点与第三幅图像上编码元之间的同名对应关系，求解第三幅图像对应的相机姿态，通过三角形法重建新的同名编码元的三维空间点坐标，进而获得更多的编码元中心三维坐标，如此递增，直到获得所有相机姿态和编码元中心三维坐标为止。最后，采用光束平差法，同时对所有相机参数及编码元中心三维坐标进行优化。

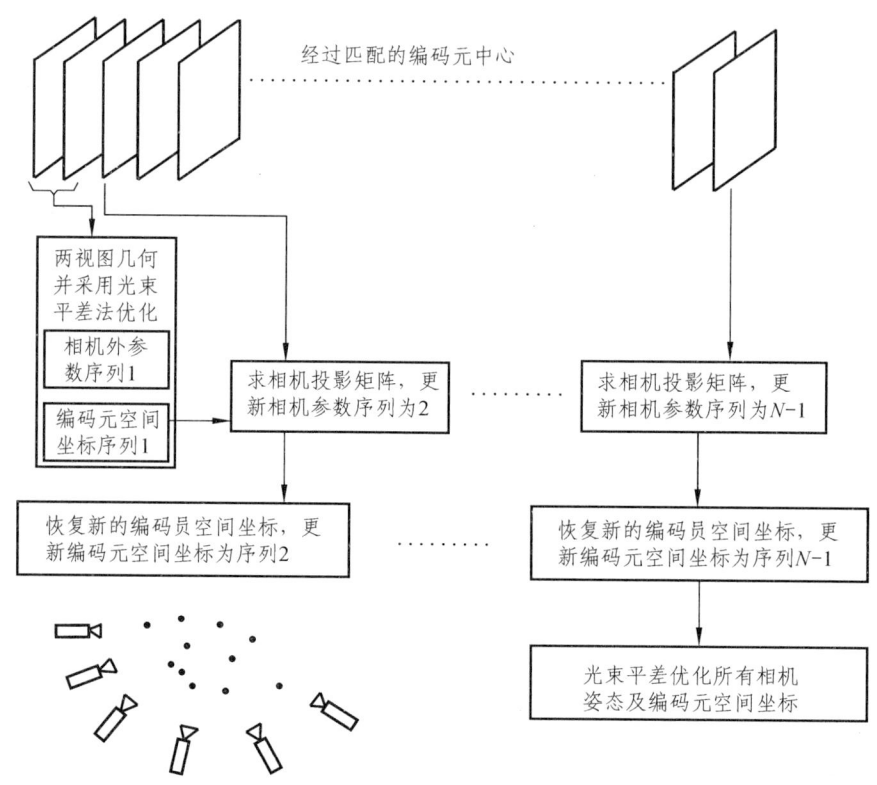

图 5-8　多个相机姿态确定的流程

以下介绍三角形重建方法。如图 5-9 所示，若 C_l 和 C_r 分别为左右相机的中心位置，P_l 和 P_r 分别为空间点 P 经相机投影后在左、右图像上的像点，l 为过左相机中心 C_l 和左像点 P_l 的射线，即 P_l 反向投影的射线，r 为过右相机中心 C_r 和像点 P_r 的射线。在理想相机模型下，空间点 P 应是射线 l 与 r 的交点，因而可通过求两射线的交点获得空间点 P 的三维坐标。这种情况下两条射线 l、r 与摄影基线刚好构成一个三角形，因此这种方法称为三角形法。然而，在实际情况下，由于噪声等因素的影响，射线 l 与 r 往往不能相交于空间一点（如图 5-9 所示）。在这种情况下，用射线 l 和 r 的公垂线段的中点 P' 替代交点作为空间点的估计。

5.3 渗漏油区域面积估算模块

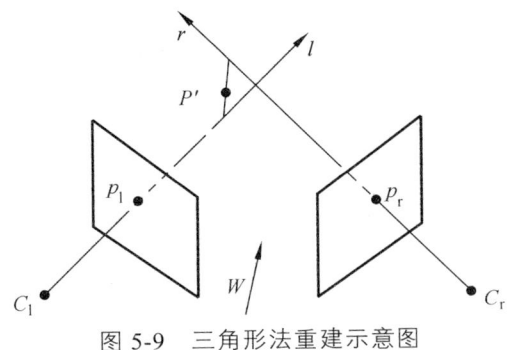

图 5-9 三角形法重建示意图

光束平差法是指 n 个三维空间点通过 m 个 3×4 的相机投影矩阵 $P_i(i=1,\cdots,m)$ 投影到 m 幅图像上，第 j 个点在第 i 幅图像上的像点为 (u_{ij},v_{ij})，引入齐次坐标向量 $X_j=(X_j,Y_j,Z_j,1)^T$ 代表未知的空间点向量 $(j=1,\cdots,n)$，齐次坐标向量 $u_{ij}=(u_{ij},u_{ij},1)$ 代表第 i 幅图像上第 j 个点的像点向量 $(i=1,\cdots,m)$。希望求解下面的重建问题：已知图像坐标 u_{ij} 的集合，求相机投影矩阵 P_i 和点 X_j，使得 $P_iX_j=u_{ij}$。如果对 P_i 或者 X_j 不加进一步约束，这样的重建为射影重建，这是因为点 X_j 和真实的重建可能相差一个任意的三维射影变换。

若图像中有噪声存在，则方程 $P_iX_j=u_{ij}$ 将不会完全满足。在这种情形下，假设测量噪声满足 Gauss 分布，则寻求的是它的最大似然解；若需估计相机投影矩阵 $\tilde{P}_i$ 和真正地投影到图像点 $\tilde{u}_{ij}$ 的三维点 $\tilde{X}_j$，即 $\tilde{u}_{ij}=\tilde{P}_i\tilde{X}_j$，并且在这些三维点出现的每幅图像中最小化重投影点和被测量的图像点 u_{ij} 之间的图像欧氏距离，即

$$\min \sum_{ij} d(\tilde{P}_i\tilde{X}_j, u_{ij})^2 \tag{5-28}$$

其中，$d(x,y)$ 是图像点 x 和 y 之间的几何距离。涉及调整每个相机中心和这些三维点之间的射线丛，因此称为光束平差。

八点法、五点法等可求出闭式解的前提是知道确切的点对。但实际情况中往往存在大量的噪声，点与点之间并不是精确地对应甚至出现一些错误匹配。

光束平差法由 Bundle Adjustment 翻译得来，有以下两层意思：

对场景中任意三维点 P，由从每个视图所对应的摄像机的光心发射出来并经过图像中 P 对应的像素后的光线，都将交于 P 这一点，对于所有三维点，则形成相当多的光束（bundle）；实际过程中由于噪声等的存在，每条光线几乎不可能汇聚于一点，因此在求解过程中，需要不断对待求信息进行调整（adjustment），以使得最终光线交于点 P。对 m 帧，每帧含 N 个特征点的目标函数如下：

$$E(\{R_i,T_i\}_{i=1\cdots m},\{X_j\}_{j=1,\cdots N}) = \sum_{i=1}^{m}\sum_{j=1}^{N}\theta_{ij}\,|\,\tilde{x}_i^j - \pi(R_i,T_i,X_j)\,|^2 \quad (5\text{-}29)$$

这是一个非凸问题。由于场景中特征点往往较多,该问题是一个巨大的高维非线性优化问题。接下来,需要对上述算式进行求解,这是光束平差法的核心内容。针对具体应用场景,光束平差法有不同的收敛方法。目前常用的方法有梯度下降法、牛顿法、高斯牛顿法、Levenber-Marquardt 等方法。

所谓一阶方法,即对问题的目标函数通过泰勒一阶展开后,再进行迭代求解的方法。梯度下降法是一阶方法之一。当梯度为负值时,沿着梯度方向就是函数值 f 变小最快的方向。梯度下降法就是让函数沿着下降最快的方向去找函数值的最小值,就像水流沿着斜率最大的方向流去。对于变量都为标量的函数,形象地描述是始终用一条直线来拟合曲线。梯度下降法迭代式如下:

$$x_{k+1} = x_k - \epsilon \mathrm{d}E(x_k)/\mathrm{d}_x \quad (5\text{-}30)$$

其中,ϵ 表示自行设置的迭代步长,可用一维线性搜索动态确定,x 表示自变量。

严格意义上,梯度下降法并不决定函数 $f(x)$ 下降方向,这是因为它仅仅是一个余向量而非向量,只能通过最终标量的正负而非实际的向量指引函数下降方向。梯度下降法的复杂度是 $O(n)$,其中 n 为待解决问题的大小,比如矩阵 E 的行数。实际过程中,常常使用一维线性搜索方法寻找合适的步长。

牛顿法是二阶优化方法,即会将目标函数展开至泰勒二阶项,然后进行优化求解。与梯度法相比,它们便用到目标函数的二阶导数。形象地讲,如用牛顿法求解自变量为标量的函数时,用二次曲线拟合最优化点时的函数曲线。

对目标函数 E,其二阶泰特展开式为:

$$E(x) \approx E(x_t) + g^\mathrm{T}(x-x_t) + 1/2\times(x-x_t)^\mathrm{T}H(x-x_t) \quad (5\text{-}31)$$

其中,g 为 E 的雅克比矩阵,H 为 E 的海塞矩阵。

由于优化点的导数为 0,即

$$\mathrm{d}E/\mathrm{d}_x = g + H(x-x_t) = 0 \quad (5\text{-}32)$$

上式展开,易知 x 的迭代式子为

$$x_{k+1} = x_k - H^{-1}g \quad (5\text{-}33)$$

由于牛顿法下降速度很快,在实际应用中往往加上一个步长因子 $\gamma\epsilon(0,1)$,以控制收敛的速度:

$$x_{k+1} = x_k - \gamma H^{-1}g \quad (5\text{-}34)$$

牛顿法是二阶收敛的，收敛速度很快。在实际应用中，向量 x 往往非常大（每个视图中图像处理后特征点数量可能达到万个以上），海森矩阵 H 将非常大，求海塞矩阵的逆运算消耗将非常大，对于牛顿法来说，计算复杂度是 $O(n^3)$。此外，由于海塞矩阵不一定可逆。其三，对于大多数一阶优化方法，可以采用诸如图形处理器（graphics processing unit）并行的方式来加速，但对于海塞矩阵求逆来说这显然无法实现。因此实际中往往出现一阶方法比二阶方法更快收敛。

所谓拟牛顿法，就是用其他式子来模拟替代海塞矩阵。假如牛顿法中的海塞矩阵不是正定（positive definitive）的，无法求解；且海森矩阵 H 往往非常大，求海塞矩阵的逆的运算消耗也很大（对于牛顿法来说，计算复杂度是 $O(n^3)$，因此，引入拟牛顿法用正定矩阵代替海塞矩阵和海塞矩阵的逆。常用的拟牛顿法有高斯牛顿法（gauss-newton method）。

在结构与运动过程中，由于一般认为到场景位置点的距离比较远，因此在短暂的移动过程中，可以认为从摄像机到场景位置点的距离是近似不变的。在距离不变，即一个维度固定的前提下，投影函数 π 是线性的。因此该近似符合应用场景，是较好的近似。

另外一种思路是将牛顿法和梯度法融合在一起。数学上是阻尼最小二乘法的思路，即近似只有在区间内才可靠。对于：

$$\min_x \sum_i ri(x)^2, \text{ s.t.} |D\Delta|2 \leqslant \mu \tag{5.35}$$

此处，μ 是信赖区间半径，D 为对 Δ 进行转换的矩阵（在 Levenberg 的方法中，他将 D 设置为单位矩阵）。即加上一个单位矩阵 I 的倍数和使之成为

$$x_{k+1} = x_k - (H + \lambda I)^{-1} g \tag{5-36}$$

使用这种方法需保证改进后的海塞矩阵可逆且正定。从效果上，是用 λ 在牛顿法与梯度法之间做出权衡。

虽然 MATLAB 和 OpenCV 里都有多相机标定的工具箱或者库函数，可以直接用作相机标定，但如果需要同时标定多个相机，那这些传统的标定法将消耗掉研究者和开发者大量时间和精力。现在有一些较先进的方法可以实现全自动化对相机与相机间进行标定。

在利用 OpenCV 库进行单相机标定的过程中，首先需要进行棋盘格的角点检测。虽然可以很方便地直接调用函数，但实际使用中存在诸多限制，例如需要提前指定棋盘格的行数和列数，并且需要多次拍摄不同方向角度的棋盘格图片进行标定，健壮性差，且无法同时进行多个相机的标定。

Geiger 等人提出一种联合标定方法可以解决上述问题，该方法不需要提前指定棋盘格的行数和列数，标定过程只需要拍摄一张包含多个棋盘的图片，且健壮性好，因为是基于生长的算法，所以如果出现干扰，就会绕过干扰，生长出最大的棋盘。同时该方法标定精度很高，适用范围广，包括针孔相机、鱼眼相机、全景相机等。将棋盘格角点检测分为三个步骤：定位棋盘格角点位置；亚像素级角点和方向的精细化；优化能量函数、生长棋盘格。

利用该方法实现的标定，可以同时计算多相机的内参、外参，以及相机-距离传感器之间的变换矩阵，时间在一分钟内；算法在不同的光照条件下仍然健壮；标定过程完全不需要人工干预，实现真正全自动化。但是该算法受限于棋盘格的约束，所以当棋盘被部分遮挡时，检测结果会不尽如人意。在特殊情况下，算法可能会找到在其约束条件下最好的棋盘格结果。但是可能存在其他的棋盘，这是因为若是次优的而则被忽略掉，这在鱼眼相机标定中非常不利，因为鱼眼镜头越靠近边缘畸变越大，越难以被检测到，但却对计算标定参数越重要。

渗漏油区域面积估算模块的功能是在执行完渗漏油检测模块后，根据可见光相机、紫外光相机图像和检测结果图像进行渗漏油区域的面积估算，辅助电力用户评估渗漏油的严重程度。该模块的主要流程如下：

（1）对可见光相机和紫外相机的内参数进行标定，并测量两个相机图像的基线宽度。

（2）对同时拍摄的双相机图像使用双目立体视觉算法，计算场景特征点到相机光心的平均深度 Z。

（3）对多光谱图像融合模块计算出的阈值分割图像进行处理，记渗漏油区域的像素集合为 T，若像素 $p \in T$，则被赋予一个标记，将图像按像素遍历，计算含有标记的像素数记为 c，即目标区域的像素数目为 c。由相机成像模型：

$$S_t = \frac{Z}{f} \cdot S_d \tag{5-37}$$

式中，S_t 为单个像素对应的真实区域面积，S_d 为单个像素的面积，f 为相机的焦距。

（4）计算渗漏油区域的面积。在标定得到的相机内参数矩阵中可以提取参数 f_x 和 f_y，根据相机内参数和像素面积的关系有

$$f_x = \frac{f}{dx} \tag{5-38}$$

$$f_y = \frac{f}{dy} \tag{5-39}$$

$$S_d = dx \times dy \tag{5-40}$$

式中，dx、dy 为像素物理尺寸，由式（5-37）~式（5-40）可得

$$S_t = \frac{Z}{f} \cdot \frac{f}{f_x} \cdot \frac{f}{f_y} = \frac{Z \cdot f}{f_x f_y} \qquad (5-41)$$

将目标区域像素个数 c 代入式（5-41），即可估算出目标区域的面积 S：

$$S = \frac{Z \cdot f}{f_x f_y} \cdot c \qquad (5-42)$$

渗漏油区域面积估算的流程如图 5-10 所示。

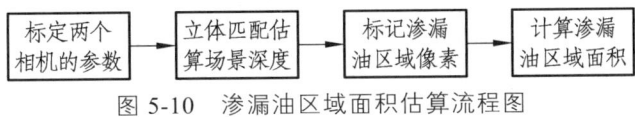

图 5-10　渗漏油区域面积估算流程图

5.4　渗漏油场景三维重建模块

渗漏油场景三维重建模块可对渗漏油场景进行三维建模，该模块的输入是偏振/可见光图像采集模块所采集的视频帧图像，该模块的输出是一个渗漏油场景三维点云模型。

该模块调用 ORB-SLAM 接口按以下步骤进行渗漏油场景的三维稀疏重建：

（1）初始化地图：使用八点法计算单应矩阵和基础矩阵，模型的选择通过评分比值指标确定，选择模型后，单应矩阵会分解出 8 个可能的结果，基础矩阵会分解出 4 个可能的结果，最终会得到一对相机外参数矩阵，由此开始对场景点进行重建，然后执行全局光束平差优化起始两帧的相机位姿与三维点。

（2）启动跟踪线程估计每帧相机位姿，决定是否需要插入新的关键帧。具体的操作是进行 ORB 特征提取，估计帧间位姿（跟踪失败时进行重定位），跟踪局部地图，成功完成以上操作后便添加新的关键帧。地图点和关键帧的创建较为普通，但会在后续的流程中执行剔除机制，即检测冗余关键帧、误匹配点和无法跟踪的地图点，这提高了跟踪的健壮性。

（3）启动局部建图线程处理新的关键帧，并执行局部光束平差优化，然后在新的关键帧及其共视关键帧间再找一些新的匹配点。这一步从初始的关键帧开始建立增量生成树。

（4）启动闭环检测线程检查每个关键帧是否产生了闭环，如果确定了闭环检测，则计算一种相似变换，使用闭环的相似变换矫正当前关键帧的位姿，并传播到当前的共视帧，然后再进行位姿优化以保证全局一致性。

若需实现计算复杂度不严重的实时 SLAM，需要满足以下要求：

（1）场景特征的对应观测分布在所有帧的子集中，即关键帧中；

（2）由于复杂度随着关键帧的数量增加而增加，所以必须避免不必要的冗余；

（3）要有足够的视差和充足的闭环匹配；

（4）对关键帧位姿和三维点初始估值进行非线性优化；

（5）使用局部地图优化实现可扩展性；

（6）能够快速地执行实时的全局闭环优化，即位姿图优化。这些要求都可以通过以上 4 步流程满足。要注意的是，后 3 步实质上是并列的关系。

利用稀疏重建时求取的关键帧可以进一步进行稠密重建，本模块可以在非实时的后台启动 VisualSFM 工具计算场景的三维稠密点云，最终保存一个 .ply 点云文件，供电力人员后续查看渗漏油场景的三维情况。渗漏油场景三维重建模块的流程如图 5-11 所示。

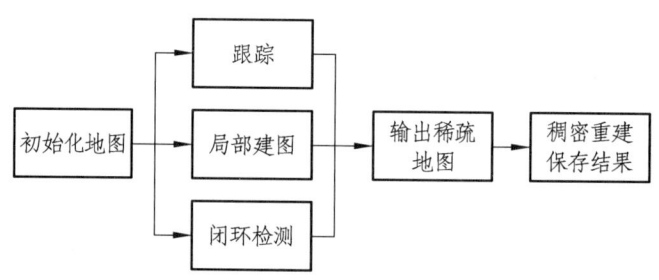

图 5-11　渗漏油场景三维重建模块流程图

在上述流程的基础上可以对 ORB-SLAM 进行改进，ORB 特征参数设置是根据运算单元的计算资源条件与图像规格，设置每个视频帧中需要提取的 ORB 特征数量、特征金字塔的尺度因子和层数等。特征数量越多，则候选重建的地图点就越多，但同时增加了运算量，因此原则是在计算资源允许的情况下设置更多的特征数量；特征金字塔参数可以改变特征提取的尺度，这是一个粗化图像的同时提取各尺度特征的有效处理方式，一般是根据图像的尺寸进行设置。本步骤的具体操作方式是在 yaml 文件中写入各参数的精确值，并在算法程序中引用。

视频帧整理的功能是将相机采集到的视频帧压入缓冲区中，设置缓冲区饱和策略，取出视频帧时做帧格式转换处理，使其满足 ORB-SLAM 的输入要求。当视频帧压入缓冲区时，要注意视频帧的压入顺序符合采集时间顺序，因此帧指针切换时间要控制在采样时间间隔内，这样才能保证不丢帧或乱帧，缓冲区的饱和策略也要尽量满足采样顺序，使缓冲区饱和时也不过多丢失帧间的连续信息。

5.4 渗漏油场景三维重建模块

图像滤波采用双边滤波算法，对整理好的视频帧图像进行去噪和平滑处理，减少噪声对特征提取的影响，提高整体系统的健壮性和实时性。

如图 5-12 所示，ORB-SLAM 运行的第一步是地图初始化。地图初始化的目的是计算两帧图像之间的相对位姿，以三角化一组初始的地图点云。这个方法与场景无关且不需要人工干预选择良好的双视图配置，例如两幅图应具有明显的视差。算法使用并行计算两个几何模型：一个是面向平面视图的单应矩阵，另一个是面向非平面视图的基础矩阵。然后采用启发式的方法选择模型，并使用所选的模型从两图像的相对位姿中对地图点云进行重构。只有当两个视图间的视差达到安全阈值时，才进行地图初始化。如果检测到低视差的情况或已知两视图模糊的情况，则为了避免生成一个有缺陷的地图而推迟初始化。

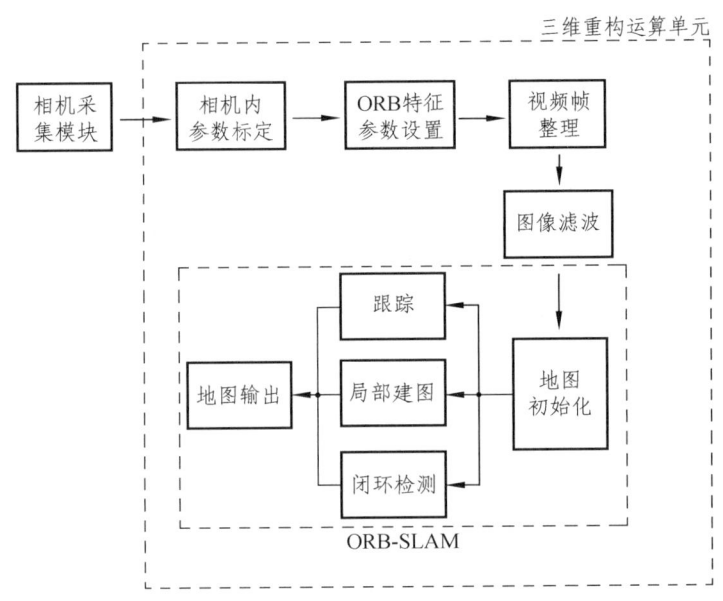

图 5-12　基于 ORB-SLAM 的运动相机三维空间重构系统方法框图

接下来的步骤是启动跟踪线程。首先完成特征提取，在图像金字塔上提取 FAST 角点，为了确保特征点均匀分布，将每层图像分成网格，每格提取至少 5 个角点。然后检测每格角点，如果角点数量不够，则调整阈值。如果某些单元格内检测不出角点，则其对应提取的角点数量也相应减少。根据保留的 FAST 的角点计算方向和 ORB 特征描述。ORB 特征描述子将用于算法后续所有的特征匹配。接着估计相机初始位姿，如果上一帧图像跟踪成功，则用运动速率恒定模型来预测当前相机的位置（即认为摄像头处于匀速运动），搜索上一帧图像中的特征点在地图中的对应点与当前帧图像的匹配点，利用搜索到的匹配点对当前相机的位姿进一步优化。如果没有找到足够的匹配点（比如，运动模型失效，非匀速运动），则需要扩大搜索范围，搜索地图点附近的点在当前帧图像中是否有匹配点，然后通过寻找到的对应匹配点对优化当前时刻的相机位姿。

如果扩大了搜索范围仍跟踪不到特征点，说明运动模型已失效，则计算当前帧图像的词袋（BoW）向量，并利用 BoW 词典选取若干关键帧作为备选匹配帧（以此加快匹配速度）；之后在每个备选关键帧中计算与地图点相对应的 ORB 特征，对每个备选关键帧轮流执行 PnP 算法计算当前帧的位姿（RANSAC 迭代求解）。如果找到一个姿态能涵盖足够多的有效点，则搜索该关键帧对应的更多匹配点。最后基于找到的所有匹配点对相机位置进一步优化，如果有效数据足够多，则跟踪程序将持续执行。一旦获得了初始相机位姿和一组初始特征匹配点，即可将更多的地图点投影到图像上以寻找更多的匹配点。为了降低大地图的复杂性，这一步只映射局部地图。

局部建图的核心流程包括插入关键帧、地图点云筛选、创建新地图点云、局部 BA 和局部关键帧筛选。插入关键帧和局部 BA 的操作已在第二章有过较详细的描述，在此不再赘述。三角化的点为了一直保留在地图中，必须在其创建后的前三个关键帧中通过严格的测试，该测试确保留下的点都是能被跟踪的，不是由于错误的数据而被三角化的。一旦一个地图点通过测试，它只能在少于 3 个关键帧观测到的情况下移除。这样的情况在删除关键帧以及局部 BA 排除异值点的情况下发生。这个策略使得地图包含很少的无效数据。ORB 特征点对三角化后，需要对其在相机坐标系中的深度信息、视差、重投影误差和尺度一致性进行审查，通过后则将其作为新点插入地图。起初，一个地图点通过 2 个关键帧观测，但它在其他关键帧中也有对应匹配点，所以它可以映射到其他相连的关键帧中。为了使重构保持简洁，局部建图应尽量检测并删除冗余的关键帧，这样对 BA 过程会大有帮助，增加了系统的可持续操作性。如果关键帧中 90%的点都可以被其他至少三个关键帧同时观测到，那么认为此关键帧的存在是冗余的，可以将其剔除。

闭环检测也是 ORB-SLAM 的关键线程之一。首先抽取最后一帧局部关键帧，计算它的词袋向量和它在 covisibility graph 中相邻图像（$\theta_{min}=30$）的相似度，保留最低分值 S_{min}。检索图像识别数据库，删掉那些分值低于 S_{min} 的关键帧。这类似于 DBoW2 中均值化分值的操作，可以获得好的健壮性。为了获得候选回环，必须检测 3 个一致的候选回环（covisibility graph 中相连的关键帧）。单目 SLAM 系统有 7 个自由度、3 个平移、3 个旋转、1 个尺度因子，因此闭环检测需要计算从当前关键帧到回环关键帧的相似变换，以获得回环的累积误差，计算相似变换也可以作为回环的几何验证。

5.5 显示与交互模块

显示与交互模块用于将其他模块输出的视觉效果部分通过屏幕显示出来，并提供电力用户与检测样机系统人机交互的手段。它的主要构成是一个带触控功能的液晶屏幕和一个以 Qt 工具开发的软件前端界面。显示与交互模块的执行流程如下：

（1）启动程序，自动检测、连接可见光相机和紫外光相机。连接成功会自动启动相机内置接口用于调整相机参数。本系统开发的软件名为 OilTest，相机连接成功时在软件界面左侧显示可见光相机实时图像，右侧显示紫外光相机实时图像，连接不成功会弹窗提醒。

相机连接成功时，程序会调用 Spinnaker 接口和 PCO Camware 接口，连接 BFS-U3-32S4C 可见光相机和 PCO Panda UV 紫外相机。在 Spinnaker 接口界面的"Devices"窗口①下单击选中"BFS-U3-32S4"相机，设备加载完成后出现显示窗口②和相机参数设置窗口③，单击▶按钮开始采集可见光图像，单击■按钮停止采集。在 PCO Camware 接口界面单击"Acquisition"菜单下的"Live Preview"选项，即可开始采集紫外图像，再次单击"Acquisition"菜单下的"Live Preview"选项即可停止采集。如图 5-13 所示为可见光相机设置采集界面。如图 5-14 所示为紫外相机设置采集界面。如图 5-15 所示为双相机采集界面。

图 5-13 可见光相机设置采集界面

5　便携式多光谱渗漏油检测仪器设计

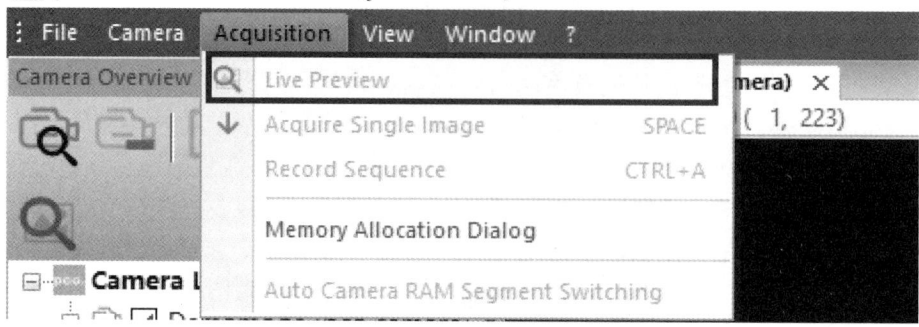

图 5-14　紫外相机设置采集界面

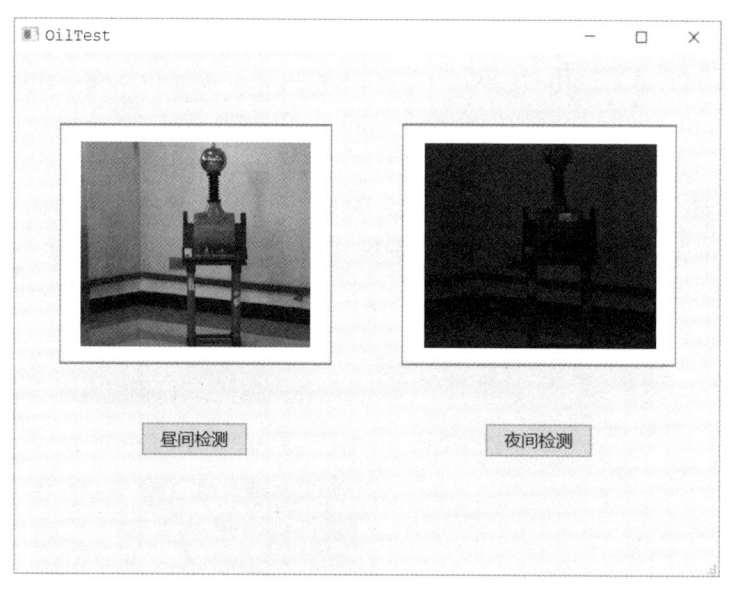

图 5-15　相机连接成功时的双相机采集界面

（2）执行"昼间检测"或"夜间检测"，执行完成后会将检测的结果直观呈现在软件界面上。单击"昼间检测"按钮后使用的是分时采集的可见光图像和偏振光图像作为渗漏油检测模块的输入，软件会将可见光图像、线偏振图像、渗漏油区域的分割图和分割图与可见光图像的叠加结果图显示在界面中。单击"夜间检测"按钮后使用的是同时采集的可见光图像与紫外光图像作为渗漏油检测模块的输入，软件不仅要执行渗漏油检测模块，还要执行多光谱图像融合模块，最终软件界面显示的是可见光图像、紫外光图像、渗漏油区域分割图、融合结果图。单击"昼间检测"按钮后的运行结果界面如图 5-16所示，单击"夜间检测"按钮后运行的结果界面如图 5-17 所示。

5.5 显示与交互模块

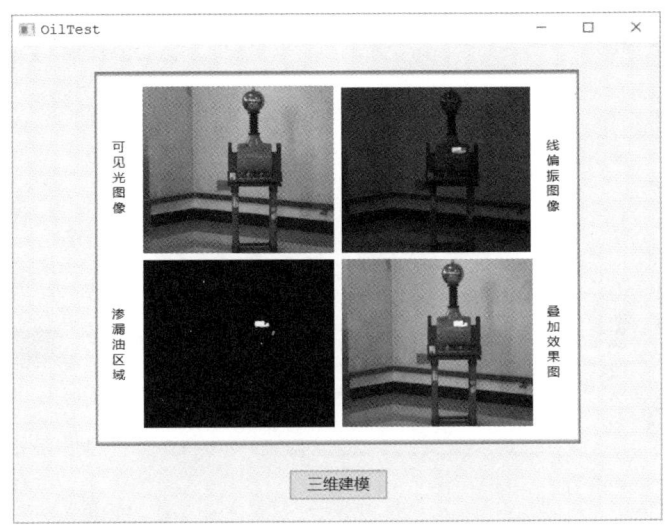

图 5-16　单击"昼间检测"按钮后的执行结果界面

图 5-17　单击"夜间检测"按钮后的执行结果界面

（3）执行三维建模。单击"三维建模"按钮后，会执行渗漏油场景三维重建模块流程，软件会调用 ORB-SLAM 算法，软件界面呈现场景的稀疏重建结果，显示面积估算的结果。在软件后台执行稠密三维重建，并将稠密重建的结果点云文件自动保存下来。软件的稀疏三维重建界面如图 5-18 所示，使用 Meshlab 软件查看的稠密重建点云文件如图 5-19 所示。

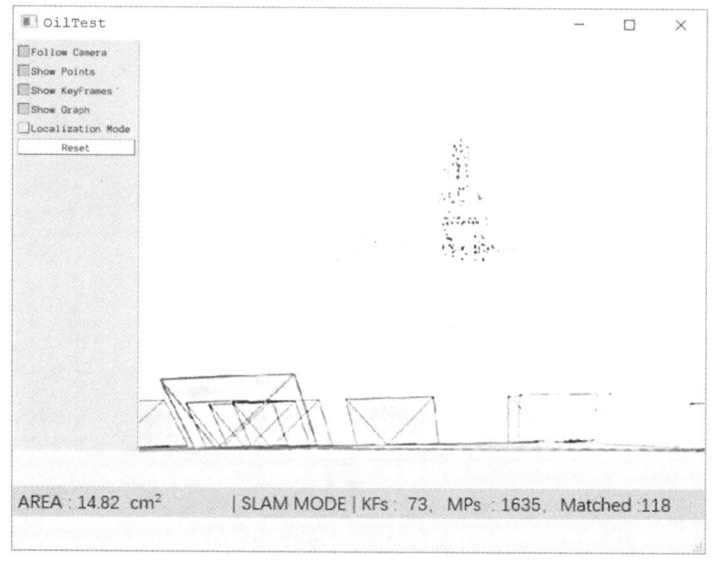

图 5-18　稀疏三维重建界面

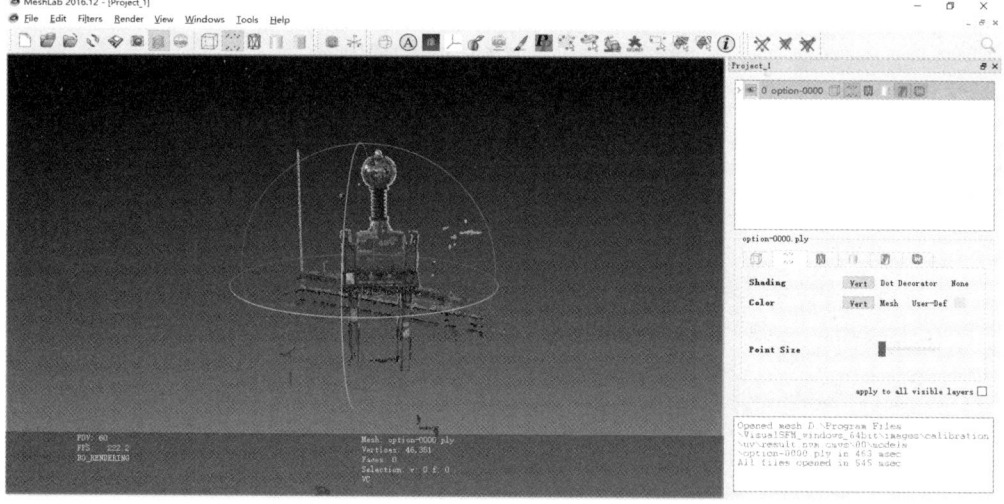

图 5-19　使用 Meshlab 软件查看的稠密重建点云文件示意图

6 PART SIX

渗漏油多光谱检测现场应用

本项目用 BT-VLM-01 型号便携式多光谱渗漏设备,完成了 11 台次充油设备的多光谱测试及数据采集工作,对其渗漏油情况进行检测,如图 6-1 所示,包括:500 kV ××变电站 2 台主变及 3 台高抗,220 kV ××变电站 2 台主变、220 kV ××变电站 2 台主变、220 kV ××变电站 2 台主变。所使用的多光谱设便携式渗漏油多光谱成像仪,规格型号为 BT-VLM-01,适用于 -10 ~ +55 ℃ 的工作温度和 5% ~ 95% 的工作湿度,对 200 ~ 1000 nm 波长的光谱进行采集。所检测的 500 kV 主变压器,1、2 及 3 号并联电抗器如图 6-2 及图 6-3 所示。

图 6-1 便携式多光谱渗漏油成像仪

（a）A 相　　　　　　　（b）B 相　　　　　　（c）C 相及 500 kV 3 号主变压器

（d）A 相　　　　　　　（e）B 相　　　　　　　（f）C 相

图 6-2　500 kV 1 号主变压器

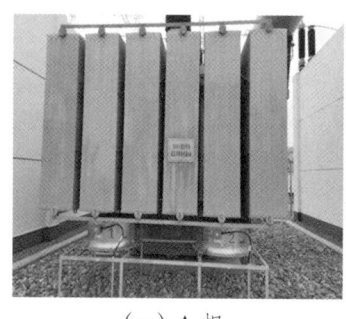  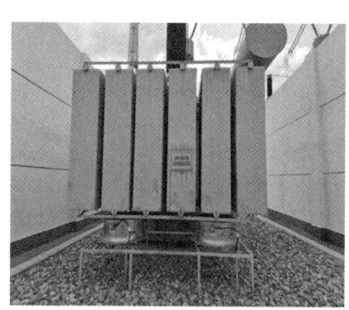

（a）A 相　　　　　　　（b）B 相　　　　　　　（c）C 相

图 6-3　500 kV 1 号并联电抗器

采用可见光相机和紫外相机对 500 kV 变电站、220 kV 变电站的充油式变压器进行数据采集。所采集的紫外光图像分别如图 6-4～图 6-6 所示，所采集的偏振光图像如图 6-7、图 6-8 所示。

图 6-4　500 kV ××变电站 1 号及 3 号主变及 1 号及 3 号并联电抗器紫外光图像

渗漏油多光谱检测现场应用

图 6-5　500 kV××变电站 1 号及 3 号主变及 1 号及 3 号并联电抗器偏振光采集图像

图 6-6　220 kV××变电站 1 号及 2 号主变紫外光图像

图 6-7　220 kV×××变电站 1 号及 2 号主变紫外光图像

图 6-8　220 kV×××变电站 220 kV 1 号及 2 号主变偏振光采集图像

在实测条件下，变电站自然光充足，线偏振图像中渗漏油区域明亮，对于可疑的漏油处，借助偏振片和平行光源，采集偏振光图像，使用基于偏振成像的方法计算渗漏油区域。

对采集到的偏振光图像使用快速计算方法进行线偏振分解，接着使用双边滤波算法对图像滤波去噪。对滤波去噪后的图像进行阈值分割，即使用大津法（OTSU），将滤波后的图像进行自动二值化处理。

结果显示，××局 500 kV××变电站 1 号主变呼吸器处及 3 号主变存在轻微的渗油现象；500 kV 3 号高压并联电抗器存在轻微的渗油现象；××局 220 kV×××变电站 220 kV 2 号主变存在轻微的渗油现象。四处渗漏油处理后的紫外光，偏振光及自然光图像如图 6-9 所示，可以看见图中有明显的光斑，这些光斑所标识的位置即是漏油处。

6 渗漏油多光谱检测现场应用

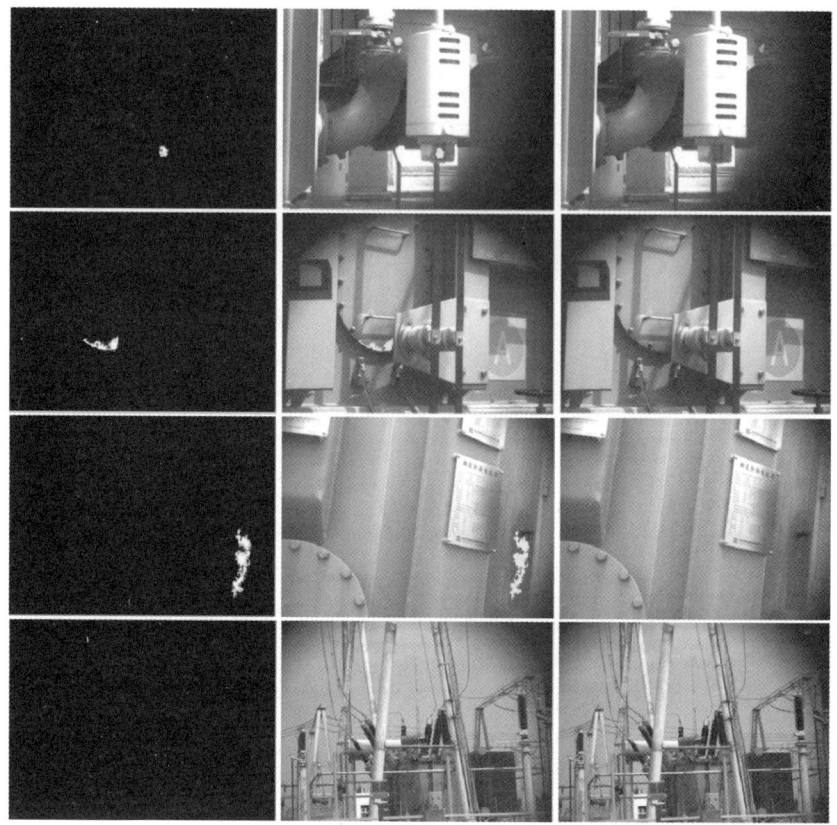

图 6-9 变压器及并联电抗器机组四处渗漏油现象光斑、紫外光及偏振光图像

通过对××局 500 kV××变电站 1 号及 3 号主变，1 号、2 号及 3 号并联电抗器、××局 220 kV××变电站 1 号及 2 号主变、220 kV××变电站 2 台主变、××局 220 kV××山变电站 1 号及 2 号主变进行多光谱渗漏油测试，并进行紫外光图像处理，表明××局 500 kV××变电站 1 号主变呼吸器处及 3 号主变图中存在明显的光斑，500 kV 3 号高压并联电抗器存在轻微的渗油现象，××局 220 kV×××变电站的 220 kV 2 号主变紫外光图像有明显的光斑。

表明××局 500 kV××变电站 1 号主变呼吸器处及 3 号主变存在轻微的渗油现象；500 kV 3 号高压并联电抗器存在轻微的渗油现象；××局 220 kV×××变电站 220 kV 2 号主变存在轻微的渗油现象。

参考文献

[1] 马晓娟. 电力用油分析及实用技术[M]. 北京：中国电力出版社，2017.

[2] 贵州电网有限责任公司. 充油（气）电力设备故障分析与检测[M]. 贵阳：贵州大学出版社，2015.